U0065870

超級城市選拔賽

—人體城市的調節中心—

大腦·五官·皮膚

顧問 張金堅

作者 施賢琴、張馨文、羅國盛
徐明洸、林伯儒、蘇大成、吳明修
何子昌、陳羿貞、王莉芳、蔡宜蓉

插圖 蔡兆倫、黃美玉

目錄

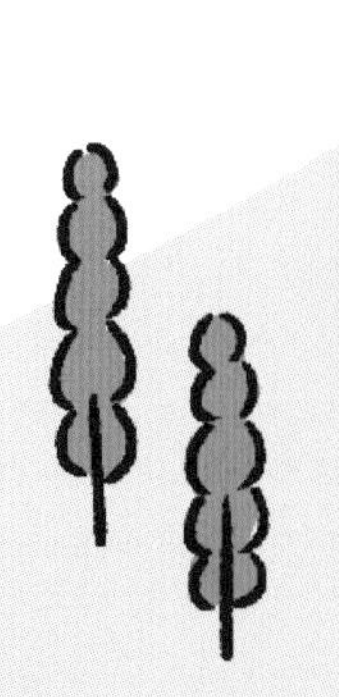

企畫緣起

透過城市故事，認識自己的身體

我們都知道，身體各器官、組織都有特定的構造和功能，對小朋友來說，雖然在學校課堂上有相關課程，但往往一知半解，無法真正了解人體的全貌。

為了幫助小朋友認識自己的身體，建立正確的健康管理觀念，我們認為有必要推出一套有關健康知識系列的書籍，向小朋友解說人體的構造和功能。於是，由我邀集臺大醫院多位主治醫師，聯合執筆，從各自專精的醫學領域向小朋友解說身體各部位。同時，也邀請到兒童廣播節目資深主持人施賢琴小姐、張馨文小姐和羅國盛先生一起合作，經過大家多次會議討論，共同創造了「巴第市」這個城市故事。

「巴第」與英文「body」同音，意謂人體有如城市，各有不同部門和系統，彼此既分工又合作，讓整個城市運作正常。全書從器官談起，再談到負責輸送血液的心血管系統，以及呼吸、消化、免疫和神經系統等，都用最淺顯易懂的文字詳細描述，並透過巴第市生動的市政運作故事比擬解說，像是巴市長、大腦市政府、白血球警察、細菌怪客、眼睛觀測站和腎臟環保回收場等，對照豐富翔實的圖畫，使小朋友很容易閱讀和了解。

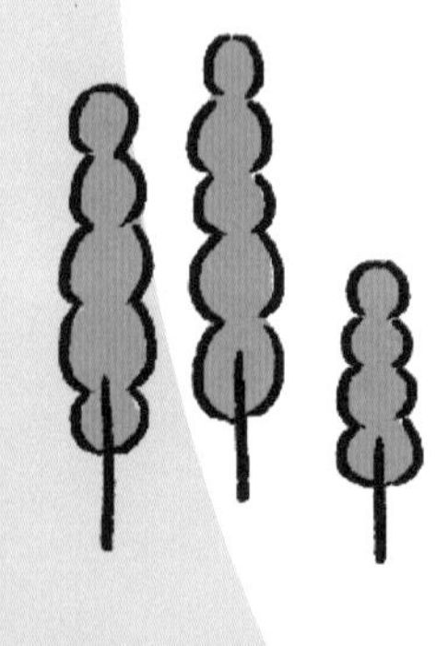

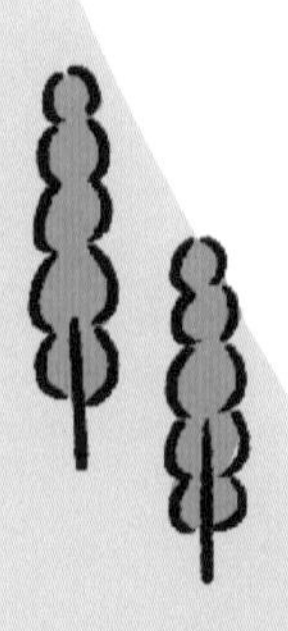

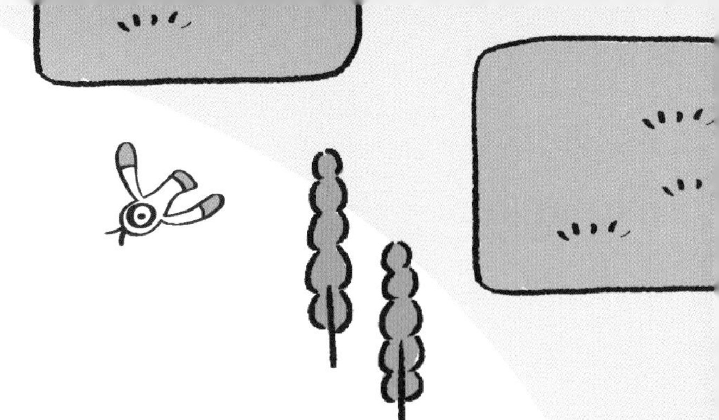

巴第市系列共有三冊，分別探討人體運作的三大系統。第一冊談人體的調節中心，解說大腦、五官和皮膚等；第二冊談人體的營運中心，介紹口腔、消化和排泄，幫助小朋友理解食物由口腔進入，到消化、排泄的過程；第三冊談人體的交通中心，也就是心臟、神經和肌肉，介紹輸送血液的血管、傳導訊息的神經和負責人體運動的肌肉等。

透過系統性的介紹，讓小朋友對自己的身體有全面性的認識和了解，也體會到身體的各個器官或組織，能夠互相協調，完成各項生理功能以維繫個體的生命，非常奧妙與偉大；也對造物者所做的每項精心安排，感到非常敬佩。

這套書能夠順利出版，感謝八位醫生的大力幫忙，他們在行醫忙碌之餘，還抽空執筆，真是難能可貴。另外，感謝製作兒童健康節目非常有經驗的施賢琴小姐創意撰稿，使內容更加生動活潑，以及張至寧小姐的企畫統籌。希望小朋友看了這套書，除了了解人體的奧祕外，也更懂得珍惜自己的生命。

顧問 **張金堅**

臺灣大學醫學院榮譽教授
乳癌防治基金會董事長

推薦序

巴第市，一件了不起的工程！

在我兒時就讀的小學，有一幅壁畫，就放在小朋友最愛去的販賣部前，我經常站在那一幅壁畫前，端詳良久。那是一幅把人類的消化系統，從嘴巴到肛門擬「工廠化」的圖。那一幅壁畫就像雕刻一樣，深深烙印在我腦海裡，整條消化道，畫滿了在做工的小人兒，栩栩如生，至今難忘。

一幅畫，都能吸引一個孩子，從此對人類深不可測、神祕的消化系統，產生好奇並進而理解。如果可以將各種人體器官，都能納為故事裡的各種角色，將人體各種奧妙的生理機能，都化為像小說一樣，有各種曲折驚險的故事，孩子們認識人體器官，了解生理的運作，想必也能如閱讀少年小說般，充滿驚喜與期待。

「巴第市系列」，便是這樣一套充滿雄心大志的著作，化艱深的人體為有趣的探險旅程。巴第，就是英文的 Body。整個人體，就是一座城市。在這座城市裡，有調節中心——大腦、五官、皮膚，有營運中心——口腔、消化、排泄，有調節中心——心臟、神經、肌肉。這座城市，依賴這些中心的正常運作來維繫，一旦這些中心發生不可測的故障或「人為操作」的失誤時，將產生各種不良的後果，影響城市的命脈。明明是枯燥無趣的醫學常識，透過「巴第市系列」的用心與趣味化的故事書寫，讀來引人入勝，這本身即是一件了不起的工程。

一起來巴第市參觀，也好好關心自己的人體城市狀態喔！

家庭醫師

推薦序

此生必遊的人體城市——「巴第市」

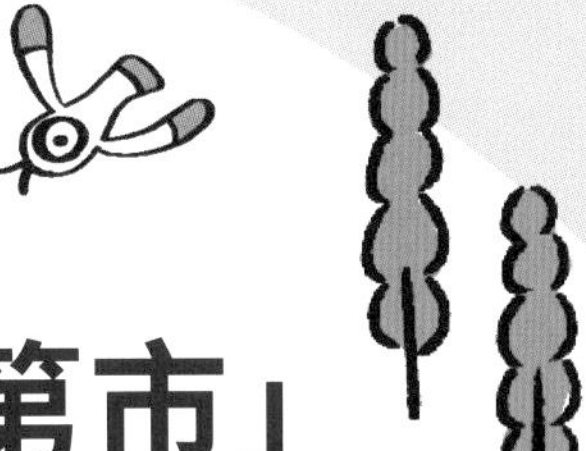

你覺得全球最值得造訪的城市是哪一個？是浪漫之都「巴」黎，還是藝術聖地「巴」塞隆納？它們都是不容錯過的城市，但由金鐘獎兒童節目主持人與臺大醫院群醫所建構的巴第市，更是此生必遊的城市。

「巴第市」(body 諧音) 如同臺北市共分 12 個行政區，由巴市長領著大腦市政府與心臟血管區、呼吸區、上消化區等……12 區的行政團隊，積極營造出一個「健康・活力」的城市。

在首集中，你可以進入城市的**「調節中心」**，了解大腦、五官、皮膚這個戰無不克的團隊專業與精密的分工，以及每個工作站的結構與工作模式。第二集則帶領你暢遊**「營運中心」**，遊覽口腔、消化、排泄等園區，參觀號稱「6 公尺」長的小腸營養物流中心，聽聽他們招募不到新員工的苦楚，也可幫助巴市長揪出「細菌怪客」的祕密基地，遏止它們破壞城市的野心。若想熟悉城市的**「交通中心」**，步入第三集，就能認識心臟、神經、肌肉合作無間的供應與傳輸系統，一睹長達 10 到 15 萬公里的血管運河；一探心臟與肺臟這場「金頭腦」之爭的來龍去脈。

在「巴第市」你可以藉由情節起伏的故事，鉅細靡遺的了解「body」這個城市；藉助精細的解析圖與插圖透視人體的結構與運作；閱讀「巴第市的旅遊指南」獲得實用的保健守則與營養常識；更能在「小學生市政信箱」中一窺孩子們對於健康的迷思或是似是而非的保健常識，順道聽一聽「巴市長」專業與睿智的回覆。

文 **廖淑霞**

私立再興小學研究教師

歡迎光臨
巴第市！

第一章

超級城市選拔賽

器官系統介紹

值日醫生：徐明洸叔叔

「超級城市選拔賽即日起開始起跑，請各個城市全力以赴，爭取最高榮譽！」

雖然巴第市連續兩年蟬聯超級城市的寶座，不過，今年面對其他城市來勢洶洶的挑戰，巴市長也不敢掉以輕心。為了在今年的選拔賽中再次奪得佳績，巴市長決定來個市政總體檢，好讓巴第市能以最佳的狀況應戰。

巴第市的最高行政指揮中心，就是由巴市長所領導的「大腦市政府」，掌控了巴第市的大小事務。在大腦市政府之下，又分為十二個區。為了能確保各項事務運作順暢，巴市長特地召集了各區區長，舉行聯合市政會議。

「感謝各位的參與，希望藉由這場會議，讓巴第市成為真正零缺點、零漏洞的超級城市。」

在巴市長簡短有力的開場後，

各區區長開始輪番上臺報告。

「為了確保巴第市的正常運作，『心臟能源傳送中心』的人員，分分秒秒、全年無休的工作，才使機械保持在最佳運作狀態，辛苦是沒人能比的。」首先登場的是「心臟血管區」的區長。

「心臟血管區」是負責提供全市能源及傳送的重要單位，一旦能源的品質純度不對或是機械故障，巴第市內的各項事務都會停擺。

「報告市長，我們也是 365 天，天天工作，一刻都沒偷懶呢！而且『呼吸區』工作一切正常，巴第市現在的空氣品質可是一級棒呢！」緊接著上臺報告的是「呼吸區」的區長。

呼吸區主要包括肺臟空氣處理中心、氣管道路和支氣管道路。由於巴第市的各單位在運作時都需要乾淨的空氣「氧氣」，同時也會產生廢氣「二氧化碳」，而呼吸區的工作就是負責收集氧

氣和排出二氧化碳，以維持全市的空氣品質。一旦空氣中有過多的二氧化碳，許多部門的運作就會發生問題。

「喂！你們能不能不要一直動來動去，把我們搖得七零八落的？」說話的是位於呼吸區下方的「上消化區」區長。由於上消化區裡的「胃食物加工廠」的員工，常會因呼吸區的運作，而被迫搖來搖去。

「呵呵——我們在幫你們『推搖籃』呢！」呼吸區的區長幽默的想要化解尷尬。

原來，當巴第市的廢氣增加時，呼吸區便會加快吸進氧氣，而負責運送氧氣的「紅血球輸送船」也會跟著增加運送速度。這一進一出的動作，便會造成「胃食物加工廠」跟著搖晃了。

其實胃食物加工廠在為食物加工時，也需要不停的攪拌食物，所以被迫搖來搖去，反而方便工作哩！胃食物加工廠既然無法搬家，而位處呼吸區下方又不是完全沒有好處，所以，雖然區長在嘴巴上抱怨抱怨，但是跟著搖晃這件事就算了。

接著，負責收集胃食物加工廠處理過的食物，並排放垃圾的「下消化區」；負責回收運河河水並排放廢水的「腎臟泌尿區」；負責訊息傳遞的「脊髓神經區」；負責運輸養分、氣體和廢物的「血液區」；負責全市安全警衛的「免疫區」；負責協調大家工作步調的「內分泌區」；負責防空雷達和機場塔臺的「五官區」；以及擔任巴第市機動部隊的「肌肉骨骼區」；永保巴第市市民可以生生不

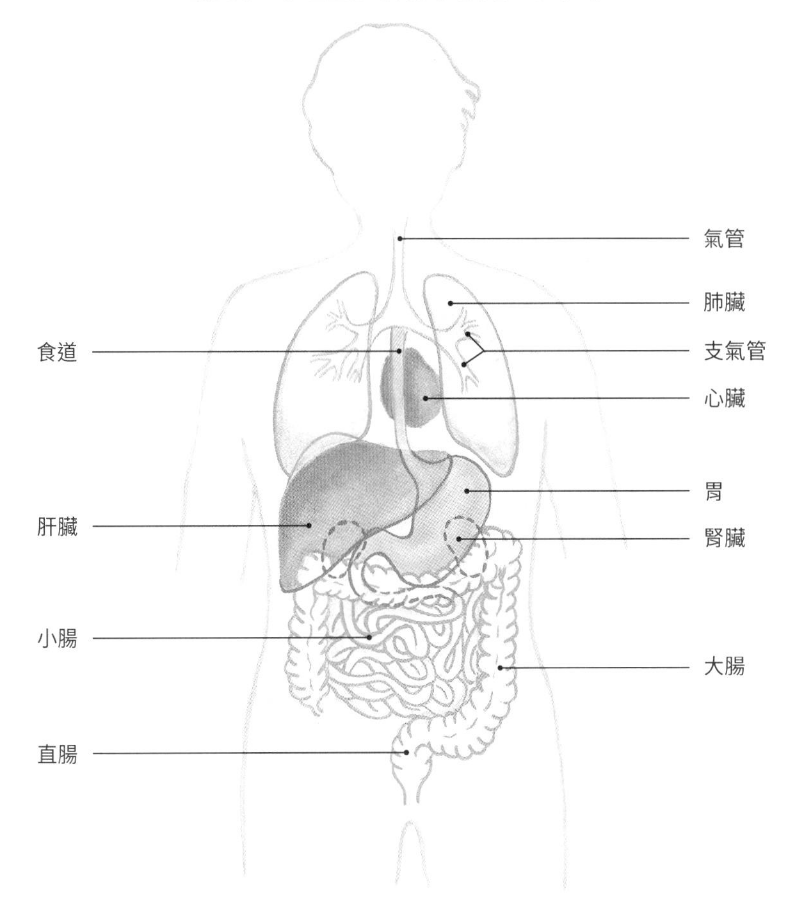

巴第市由心臟血管區、呼吸區（包括肺臟、氣管、支氣管）、上消化區（包括食道、胃及部分小腸）、下消化區（部分小腸、大腸及直腸）和腎臟泌尿區等，各部門分工合作，才能正常運作。

息的「生殖系統區」等，各區區長都陸續上臺報告，表示自己區內所有的運作系統一切正常。

「感謝大家，我們今年一定會繼續蟬聯超級城市的。」巴市長相當滿意的說。

「報告市長，『皮膚毛髮區』的區長還沒上臺報告。」阿強祕書即時提醒，巴市長才發現遺漏了皮膚毛髮區。由於皮膚毛髮區位於巴第市的郊區，所以容易被忽略，但是，這一區可是保護巴第市的第一道防線呢！皮膚毛髮區也報告區內無任何異狀，市政會議終於圓滿的落幕了。

在各部門分工合作下，巴第市再度獲得超級城市的榮譽，市民都興奮得不得了，而且令他們驕傲的是，在這裡，他們擁有快樂又幸福的生活呢！

巴第市旅遊指南

避免贈送的危險食品

1 高油脂食物（如炸雞、甜甜圈等）

2 高糖分食物（如糖果、果汁等）

3 高鹽分食物（如餅乾、薯條等）

慎選禮物好心意，Happy Body Go Go Go

親愛的巴市長：
您好！我是喜歡上學的小豆子，我們班有許多的班規，像是不能遲到、上課不能說話等。請問，人體器官的運作也有規則嗎？

小豆子：

遵循規則，秩序才不會大亂，人體當然也有運作守則，有人稱它為「恆定作用」。當身體的某些功能超出或不足時，其他器官部門就會發揮相對應的作用，以維持身體的恆定狀態。

人體的溫度、葡萄糖和水等都得維持在一定的範圍內。以體溫來說，人體體內的酵素必須在攝氏 36 度到 37 度之間，才能運作，所以，當體溫太高時，人體就會增加排汗和呼吸次數以散熱；體溫太低時，毛孔和血管則會收縮，減少體熱散失，同時肌肉會顫動，以增加熱能。

另外，葡萄糖是人體的能量來源，如果攝取過多的葡萄糖，胰臟就會分泌胰島素，讓血液中過多的糖分，儲存在肝臟（少部分在肌肉）。等到人們運動，需要能量時，腎上腺素就會讓儲存在肝臟內的葡萄糖釋放出來，以平衡體內的能量。

身體有了恆定作用，各器官才能協調運作。如果其中有個環節出錯，那可就會糟糕了，就像如果有人不守班規，不只自己會受罰，也將連帶影響班級上課的進度！

希望大家都守規則的巴市長　敬上

第二章

意外的訪客

白血球和免疫系統

值日醫生：徐明洸叔叔

巴第市的「大腦市政府」一早就彌漫著緊張的氣氛，兩個白血球警察進入市長辦公室。

「報告市長，城市溫度升高，我們偵測到呼吸區的氣管道路有一些病毒怪客入侵。」

「什麼？絕對不能讓他們繼續攻擊巴第市，快去攔下。」巴市長一聲令下，追捕消滅非法入侵者的行動，即刻展開！

在正常的情況下，一座人體城市裡有35億個白血球警察，不過，當入侵的病毒怪客快速在城市裡繁衍，數量大大增加時，白血球警察的數量也會跟著增加，捍衛巴第市的安全。

「報告市長，剛剛躲在氣管道路的病毒怪客，我們幾乎都逮到了，只是……」

「幾乎？難道有脫逃的嗎？」

「有零星的病毒怪客躲起來了。但是剛剛打鬥時，我們已經錄下它們的長相，目前全市通緝中。我們很快就能抓到他們，躲不了太久的。」

這幾個不速之客驚動了整個市政府，而巴第市幅員廣闊，加上病毒怪客身形矮小，所以白血球警察決定展開地毯式搜查，希望能在短時間內，找到那群惡客的藏身之地。

他們先搜查大腦市政府附近的「眼睛觀測站」、「耳朵雷達站」、「口腔食物進口中心」和「鼻腔空氣檢查哨」。這些地方都是巴第市對外的主要聯絡通道，因此，非法入侵者也會先從這些地方偷渡進巴第市。經過一連串的搜索後，什麼都沒發現。

白血球警察接著馬不停蹄的來到呼吸區和心臟血管區，結果仍然一無所獲，半個病毒怪客的蹤影都沒瞧見。白血球警察向大腦市政府陸續回報巡查的情況，從位於市中心的上消化區、下消化區，到位於市區南方的腎臟泌尿區，甚至是離市區較偏遠的皮膚毛髮區，都沒有發現任何可疑分子。

「現在各區巡查都回報了，全都沒發現可疑的人、事、物，這幾個

巴第市分區圖
心臟血管區
呼吸區
皮膚
毛髮區
上消化區
下消化區
腎臟泌尿區

病毒怪客究竟躲到哪裡去了？」巴市長忐忑不安的想著。

一旦有漏網病毒怪客溜進巴第市，輕則造成市政運作不順暢，重則可能會造成工作停擺呢！所以，那幾個還在流竄的病毒怪客，令巴市長和大腦市政府的工作人員感到十分不安。

就在巴市長思考下一步該怎麼做時，免疫區的下頷淋巴球發出訊息，回報已經找到了那幾個躲藏的病毒怪客。原來那些戰敗的傢伙，早就因為動不了而躺在氣管道路附近，結果大家都找遠了，虛驚一場呢！

「報告市長，口腔食物進口中心的入口軌道受損了！」正當巴市長為病毒怪客的問題鬆一口氣時，又傳來口腔食物進口中心因為食物處理不當而破壞了進口處的安全措施問題。

「怎麼會這麼不小心呢？」巴市長沉思了一會兒後說：「立刻下令，馬上多送些蛋白質和維生素 C 能源，修復破損的軌道。」

巴第市內的任何情況，隨時都會透過各種回報管道傳回到市政府，所以巴市長和市府的工作人員無時無刻都得保持清醒，才能立即做出對巴第市最有利的正確判斷和處理。

「哎呀！」巴市長突然想起了一件重要的事，焦急的說：「一早忙著逮捕消滅病毒怪客，忘了該叫胃食物加工廠工作了。」

其實巴第市的團隊分工相當專業與精密，早在巴市長為城市安全擔憂時，大腦市政府工作團隊就已經同步處理了很多巴第市的事務，絕不會因為單一事件，使其他工作區的運作停擺，除非是市長生病或是團隊系統出了問題。

這次突發的病毒怪客事件，除了證明白血球警察的機動力不錯之外，也讓大家對大腦市政府如同八爪章魚般的市政應變力和處理能力，刮目相看呢！

巴第市旅遊指南

三不原則

1 不能未經許可就進入巴第市

2 不能攜帶有毒物質（如細菌、病毒等）

3 不能做出非法行為（如試圖破壞或干擾某些器官的運作）

三不原則謹遵守，Happy Body Go Go Go

親愛的巴市長：
您好！我是健康寶寶小明，請問為什麼身體健康的人也要打疫苗？聽說疫苗是病菌，這是真的嗎？

小明：

你身體裡的白血球一定超努力，所以，你才能免於受到病毒的侵害！當病毒入侵人體，體內的免疫細胞—白血球（例如巨噬細胞、B 淋巴球等）會辨識出它們，並立刻採取聯合防禦行動。此外，人體注射疫苗，也能加強細胞對病毒的辨識能力。

1. 病毒入侵
病毒
人體細胞
2. 病毒繁殖
3. 產生抗體
B 淋巴球
4. 抗體鎖定病毒
5. 吞噬被抗體鎖定的病毒
巨噬細胞
6. 消滅病毒

病毒侵入人體細胞後，會在人體細胞內繁殖，破壞細胞。但是體內的防禦系統，例如 B 淋巴球會產生抗體，將病毒鎖定，接著巨噬細胞會過來吞噬被抗體鎖定的病毒，然後消滅它們。

以前的疫苗大多是由致病病毒或菌種的全部或部分構造製作而成。現在科技進步，也可以用人工方式合成疫苗。人體注射疫苗後，就會對這些病毒或病菌產生「抗體」，日後免疫細胞發現這些曾經侵犯人體的病毒或菌種再度入侵時，就會迅速消滅它們，預防疾病發生。

其實，平時身體只要多保養，維持適量的運動，並且睡眠充足，飲食均衡，免疫能力就會增強，這也是對抗病毒最好的方法。小明，一定要繼續努力當個健康寶寶喔！

身體一級棒的巴市長　敬上

第三章

誰是破壞者

大腦的記憶力

值日醫生：徐明洸叔叔

這幾天，巴第市全市沉浸在歡樂的氣氛中，因為他們順利解除了病毒怪客的危機，巴市長為了犒賞市民們的辛勞，特地下令進口大量美食，讓大家一飽口福。送進巴第市的

食物，都必須先經過眼睛觀測站的審查，在外表和新鮮度無任何異狀的情況下，才能經由口腔食物進口中心進入巴第市。

「請問紅色細條型的食物，可以送進巴第市嗎？」眼睛觀測站的阿亮站長發出訊號。

「不行！那是辣椒！有一回，它把口腔食物進口中心搞得人仰馬翻的，千萬別再犯同樣的錯！」接獲阿亮站長的訊息後，大腦市政府立即通知「海馬迴區」從儲存的記憶檔案中，找出最適當的處

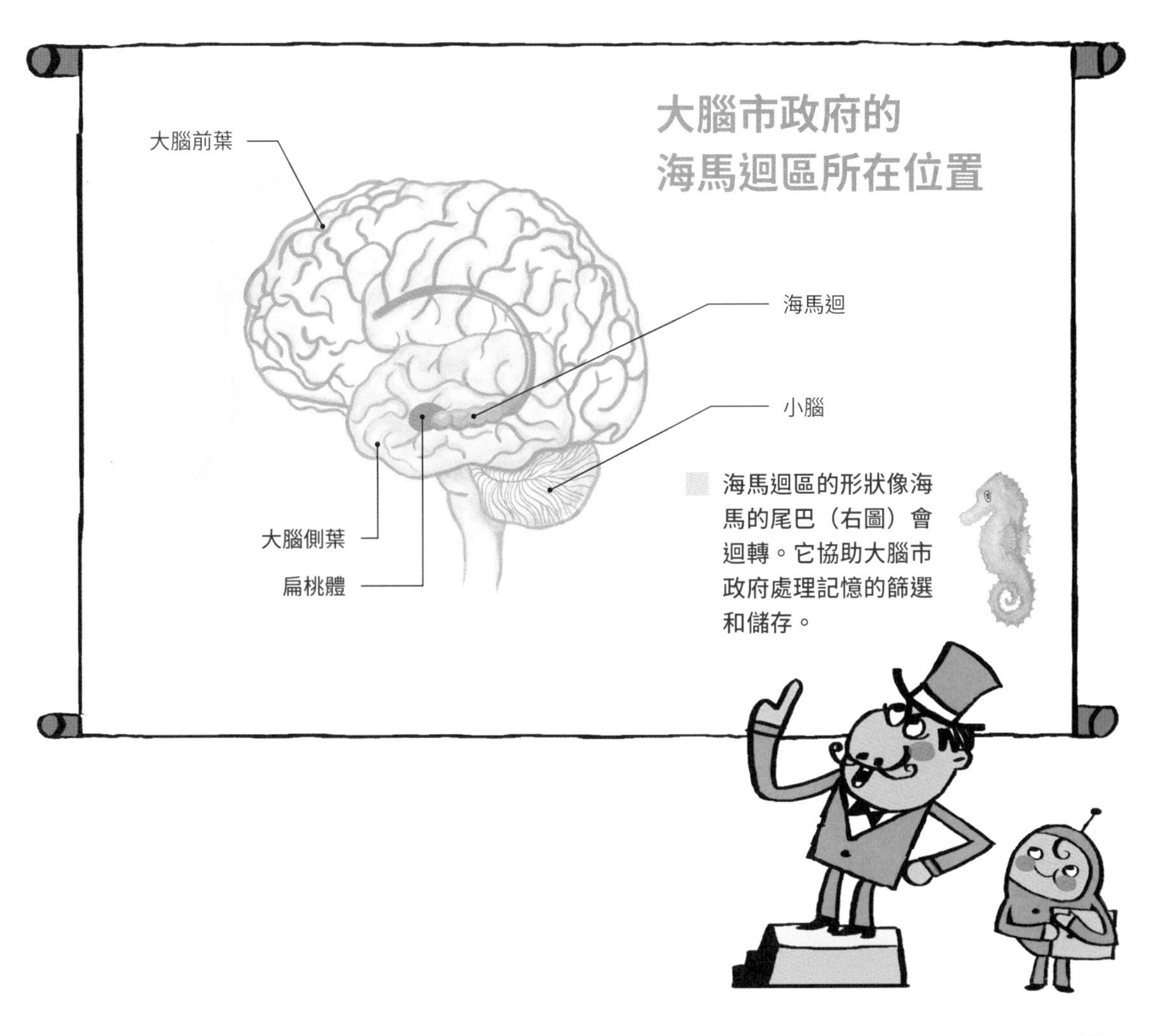

理原則。當某些新訊息需要解讀處理時，這裡會提供過去巴第市經歷重要事件的經驗，協助做出正確的判斷。

由於「海馬迴區」在這次美食饗宴中表現突出，有些市民開始對「海馬迴區」產生興趣。

不過，大腦市政府戒備森嚴，一般市民根本無法一窺究竟，所以關於海馬迴區的傳言越來越多，甚至還傳出那裡藏了巴第市最珍貴的寶物呢！

在好奇心的驅使下，有兩名市民決定冒著被巴市長責罵的風險，溜進大腦市政府查個清楚。

「天黑之後，我們就展開行動！」

夜深了，兩名市民躡手躡腳溜進大腦市政府，一連經過好幾個工作區，都沒看見海馬迴區的蹤影。就在兩人竊竊私語該如何往下走時，突然發現有人正在清除大腦市政府記憶抽屜裡的資料。

「糟了！有人蓄意破壞巴第市！」市民焦急的說，「這件事一定得向巴市長報告。」

突發事件讓兩名市民忘了他們偷溜進大腦市政府的目的，隔天，他們顧不得被責罵的危險，向巴市長報告了昨晚的事。誰知道，巴市長聽完後，卻哈哈大笑起來。

「他們不是破壞者，是正在努力工作的市府員工呢！」巴市長笑著說。

經由眼睛觀測站和耳朵雷達站送進巴第市的訊息，會儲存在大腦市政府的記憶抽屜裡。記憶抽屜分為短期記憶和長期記憶兩種。一般訊息通常都先放在「短期記憶抽屜」，到了夜晚，大腦市政府會命令海馬迴區針對這些記憶抽屜裡的訊息進行整理，無關緊要的資訊會被抽掉，有意義的訊息則會被放進「長期記憶抽屜」裡。

「原來他們是在清除沒用的短期記憶啊，害我們白操心了！」市民說。

「沒錯！」巴市長點點頭，「不過，你們沒得到允許，偷溜進大腦市政府，這件事可得好好的處理！」

最後，兩名不遵守規定的市民，必須從事兩個月的義務勞動服務，作為懲罰。同時，在巴市長三令五申下，沒人敢再偷溜進大腦市政府了，因為大家都不想成為海馬迴區裡的黑名單，永遠被牢牢記住呢！

勿拍照、攝影及錄音，Happy Body Go Go Go

親愛的巴市長：
您好！我是認真讀書的阿寶，雖然我超級努力，但總是忘得比背得快。請問，我的記憶力為什麼這麼差呢？

超級認真的阿寶：

偷偷告訴你，你的困擾也是巴市長的煩惱呢！為什麼會記憶力不佳呢？這得從影響記憶力的因素談起。所謂記憶，就是外界傳遞給大腦的訊息，經過儲存之後，可以隨時擷取出來使用。而人們的記憶力，大致受四個因素影響：

1 情緒：當心情好時，對於事物的注意力會比較集中；如果情緒不佳，例如被父母責罵時，由於心情受到影響，對於外界事物就無法集中精神注意。

2 是否重複練習：一般來說，如果要在短時間內記住某項事物，只要花時間多練習，讓大腦認知訊息的重要性，就會記得住。

3 是否有聯想能力：生活的經驗越多，越能幫助記憶。例如提到美國職棒，許多人會聯想到王建民待過的紐約洋基隊。但是，如果不知道王建民這號人物，就不容易從王建民聯想、記住他待過的紐約洋基隊。

4 自動記憶（圖像記憶）：大腦的記憶會對特別的圖像印象深刻。例如學生上課時，看見老師穿了一件圖案鮮豔的衣服。下課後，學生除了記得老師說過的話，同時也記得老師的衣服。

阿寶，以你的認真，我相信你一定很快能找出影響你記憶力的原因，「對症下藥」好好的改進，相信你很快就能擺脫健忘一族的行列囉！

還在努力成為記憶達人的巴市長　敬上

第四章

第一次感謝會

大腦的分區功能

值日醫生：徐明洸叔叔

剛結束人體城市管理進修課程的巴市長，一回到巴第市，立即學以致用，不僅訂定新的工作守則，還增列了獎懲辦法。果然，在新策略管理下，巴第市的工作效率提升，市政績效也節節上升呢！

「真是太好了！」巴市長滿意的說，「為了慰勞大家，同時提振大家的士氣，就舉辦一場『感謝會』吧！」

為了落實巴市長的構想，大腦市政府全權負責籌畫活動流程。不過，由於這是有史以來第一次的感謝會，該怎麼舉辦，市府員工都沒有頭緒。

「得積極向外蒐集資料，不論如何，這次的『感謝會』一定得成功！」阿強祕書提出了建議。

任何巴第市以外的資訊，都會透過眼睛觀測站、耳朵雷達站、舌頭檢驗中心等部門，送入大腦市政府。而在大腦市政府裡，又有好幾個資訊處理部門，分別處理這些不同來源的訊息，例如接受影像訊息的「視覺皮質區」、解讀聲波的「聽覺皮質區」、分析味道的「味覺皮質區」、辨別氣味的「嗅覺皮質區」、分辨刺激物的「感覺皮質區」。之後，大腦市政府會再針對分析解讀後的訊息，做出適當的回應。

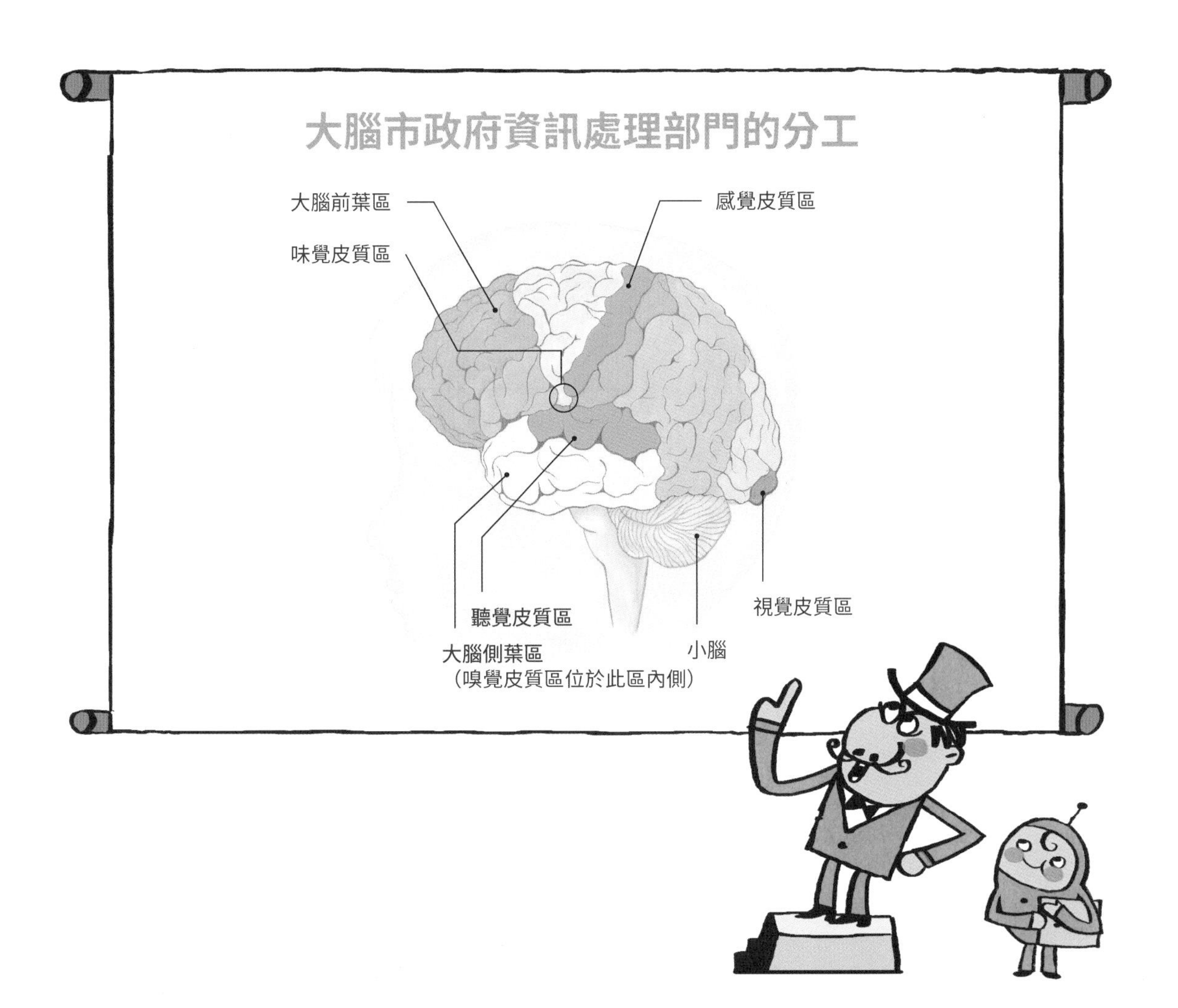

為了完成巴市長所交代的重要任務，視覺皮質區、聽覺皮質區、味覺皮質區、嗅覺皮質區和感覺皮質區，決定熬夜加班，蒐集、解讀資訊。無論如何，他們一定要讓史上頭一遭的感謝會圓滿登場。

就在全市熱切期盼感謝會隆重登場之際，口腔食物進口中心卻經歷了一場有驚無險的災難。

「聽說昨天晚上口腔食物進口中心，差點遭到高溫食物破壞！」巴市長氣急敗壞的說。

「這……這可不干我們的事！」眼睛觀測站的阿亮站長趕緊說：「昨天，我們有回報請示，大腦市政府指示食物都沒問題，我們才讓它們過關的。」

耳朵雷達站的大聲公站長聽了，懷疑的說：「這怎麼可能？我們收到的訊息是食物溫度過高，不能立即送入巴第市！」

阿亮站長和大聲公站長互相指責對方的訊息不確實，巴市長被兩人的說法搞得迷迷糊糊的。

「別再吵了！我要好好調查這件事。」巴市長說。接著，巴市長就一一詢問大腦市政府內的資訊處理部門，看看是哪個環節出了問題。

「對不起！都怪我一時忽略，沒把訊息傳出去。」聽覺皮質區的人員滿懷歉意的說。

「這也不能怪你！」視覺皮質區的人員說，「為了『感謝會』，大家一連幾天加班熬夜，體力早就透支了！」

原來，耳朵雷達站接收到訊息後，就回傳到大腦市政府的聽覺皮質區，但是，聽覺皮質區人員卻過於專心，一時忽略，沒把訊息傳送出去，才導致其他部門沒有做出正確的反應。巴市長終於搞清楚了事情的來龍去脈，沒想到一場感謝會，竟然造成了這麼多的困擾。於是，巴市長決定將感謝會延後三個月，讓大夥兒有更充裕的時間籌備。不過，在感謝會正式舉行前，他要先辦個感恩小茶會，謝謝那些熬夜加班的辛苦員工。

巴第市旅遊指南

多動多思考，Happy Body Go Go Go

親愛的巴市長：
您好！我是努力想聽話的小圈圈，媽媽每次都說我老把她的話當耳邊風，可是我真的不是故意的，為什麼會這樣？是不是我的耳朵有問題？

想聽話的小圈圈：

你的問題相信也是很多小朋友的困擾，有時，父母或老師對孩子說話，發現孩子聽了卻沒有做出正確的反應，好像「有聽沒有到」，這是怎麼回事呢？

原來，外界的訊息送達大腦的皮質區後，能讓大腦產生「感覺」，之後必須再經過大腦整理以及思考的過程，才會「意識到」感覺的存在而成為「知覺」，這時，人們才會知道有訊息進入。

所以，當一個人對一件事太過專注時，大腦對其他外界的聲音訊息，就會沒有時間思考整理，也就不會意識到有另外的訊息進來，所以會出現「有聽沒有到」的情況。

小圈圈，你的耳朵沒有問題，不過，下回可要專心點，「有聽沒有到」的情況才不會再發生囉！

巴市長　敬上

第五章

活力充沛的有氧城市

呼吸作用

值日醫生：徐明洸叔叔

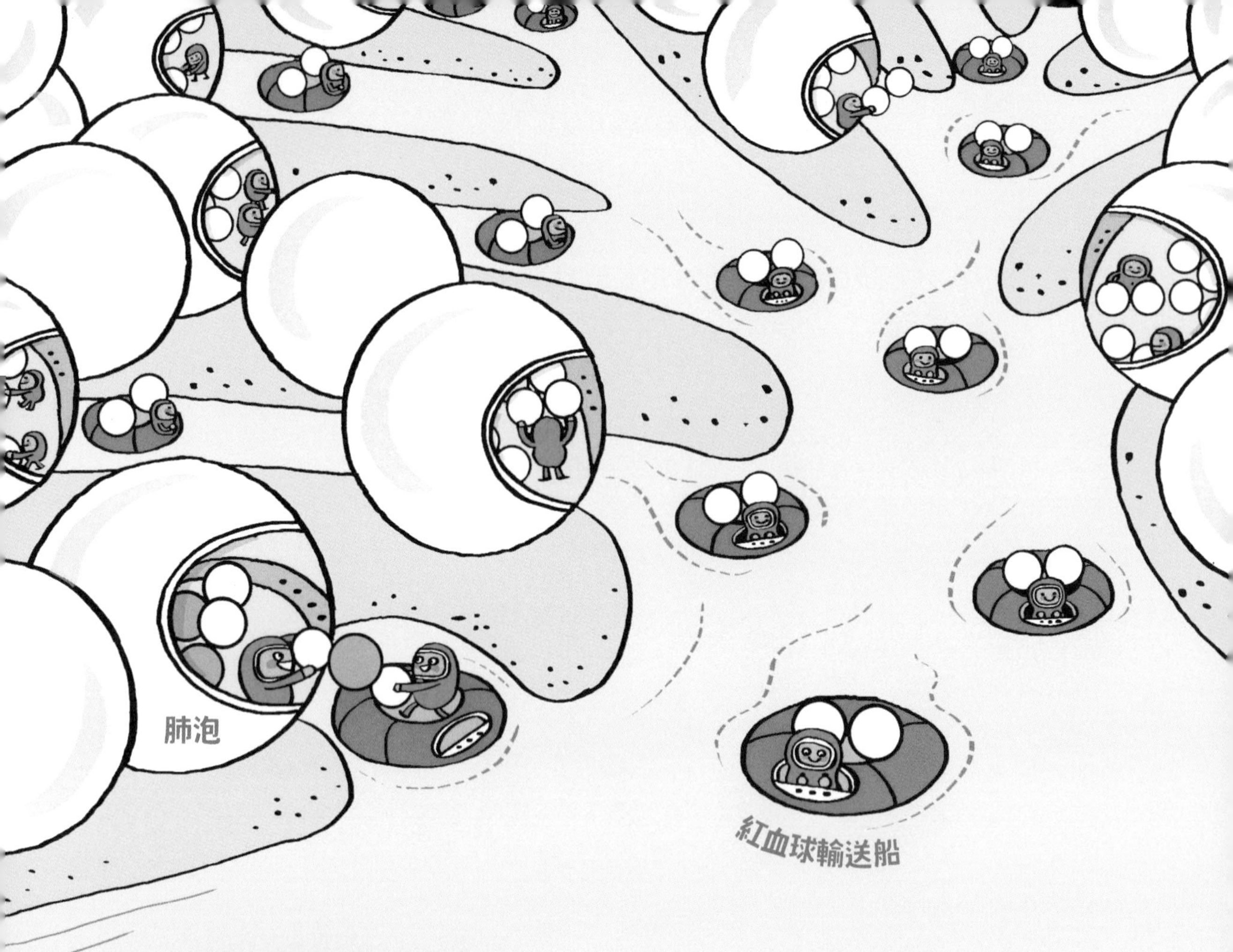

巴第市最近有一個新外號——有氧城市。除了因為精力充沛的工作表現而贏得美譽外，還有一個重要的原因，就是「氧氣」是巴第市正常運作的重要主角。巴第市各部門要正常運作，必須有足夠的能量，而能量的產生，絕對少不了氧氣，如果氧氣不足，整座城市將面臨嚴重的危機。有鑑於氧氣的重要性，巴市長每天都會嚴密監測呼吸區的運作，避免出現任何意外狀況。

肺臟空氣處理中心是呼吸區的重要工作部門，負責收集巴第市以外的乾淨空氣「氧氣」，並排出巴第市的廢氣「二氧化

碳」，這個工作也稱為「呼吸」。

巴第市進行呼吸時，氧氣會先經過鼻腔空氣檢查哨，再經由空氣快速道路——氣管、支氣管、細支氣管，最後到達肺臟空氣處理中心裡的肺泡。在這裡，氧氣會經由紅血球輸送船，運送到巴第市各處。而各地的二氧化碳，同樣也經由紅血球輸送船送到肺泡，再經過支氣管、氣管、鼻腔，最後運出巴第市。由於肺臟空氣處理中心有將近五億個肺泡，所以處理氣體交換的速度不僅迅速，還能大

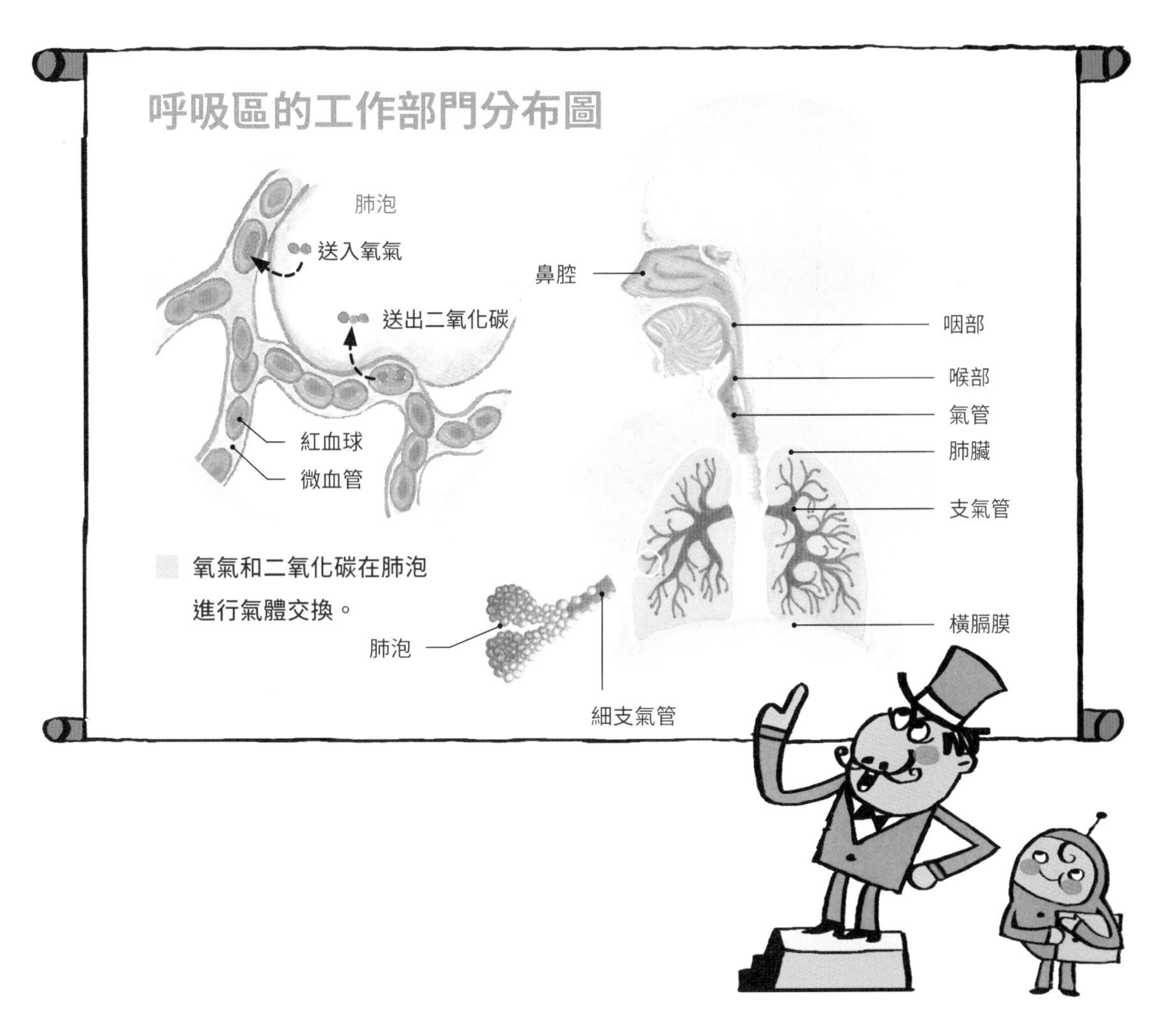

量提供氧氣給巴第市的各部門。

這天，當巴市長如同往常，準備把監控中心的畫面切換到肺臟空氣處理中心時，阿強祕書上氣不接下氣的衝進了市長辦公室。

「市長，事情大條了！」阿強祕書焦急的說。

「發生了什麼事嗎？」巴市長問。

「目前巴第市內二氧化碳含量偏高，呼吸區的區長正忙得焦頭爛額呢！」阿強祕書說。

二氧化碳含量偏高？這對巴第市來說可是個大麻煩，巴市長立刻詢問呼吸區，以了解情況。

「報告市長，您來電之前，我們就已經發現氣體的濃度不對，已交辦工作人員加強氧氣運送的次數和分量，可是效果並不好，目前還在處理中！」呼吸區區長正七手八腳的查詢、調度及監測進出氣體的濃度比例。

「到底是哪裡出了問題？」巴市長問。

經過呼吸區區長的說明後，巴市長才知道問題的癥結原來是出在鼻腔空氣檢查哨。

由於這兩天巴第市天氣變冷，所以，鼻腔空氣檢查哨內的黏膜區不斷受到冷空氣刺激，導致黏膜區脹大，形成了阻塞的情況。正因為這個緣故，氧氣才無法順利送進巴第市。

知道事情始末後，巴市長除了下令增加空氣運送的速度外，也設法提高巴第市市內的溫度，希望藉此讓市內的空氣濃度儘快恢復正常。同時，巴市長也下令加強空氣品質的監測，並決定向外尋求支援，引進藥物配方，幫助鼻腔空氣檢查哨的黏膜區回復原狀，好早點排除呼吸障礙。

在巴市長鎮定的處理下，全市空氣濃度很快就回到了標準值，所有的部門也都恢復正常運作，有「氧」城市又回來了！在乾淨空氣——氧氣的大量供給下，市民工作起來更加賣力，個個都朝氣十足，活力百倍呢！

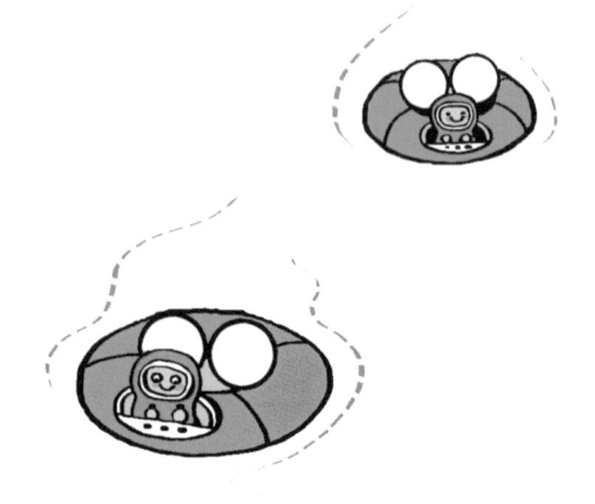

巴第市旅遊指南

莫停留　行動快，Happy Body Go Go Go

親愛的巴市長：
咳！咳！您好！我是有口乾舌喉困擾的嘟嘟，有人說因為我常用嘴呼吸，所以，才會口乾、咳嗽。請問，這是真的嗎？

嘟嘟：

鼻腔能過濾空氣的灰塵和有害顆粒，同時也可以讓吸入的空氣變得溫暖溼潤。如果因為鼻塞而用嘴呼吸，冷空氣和有害物質會直接進入口腔和肺部，造成口乾、喉嚨痛和咳嗽，肺部也容易受傷。

通常，天氣寒冷，冷空氣進入鼻腔，容易造成鼻塞。我們可以開電暖器升高室內溫度、戴上口罩，或是使用治療鼻塞的藥物來減少鼻塞程度，而口乾時也應該多喝溫水。

嘟嘟，別再經常使用嘴呼吸了，讓鼻腔呼吸順暢，人也會跟著神清氣爽！

只喜歡用嘴吃東西和說話的巴市長　敬上

第六章

氣管道路
驚魂記

食道與氣管

值日醫生：徐明洸叔叔

「最新消息回報！沙塵暴正逐漸靠近巴第市，請市民提高警覺！」

當巴市長接獲來自耳朵雷達站的訊息後，立刻到呼吸區巡查鼻腔空氣檢查哨、空氣快速道路，以及肺臟空氣處理中心的情況。

「聽說這回的沙塵暴很厲害，大家得小心點！」巴市長叮嚀。

「請您放心，呼吸區為了讓大家有乾淨的氧氣，有多重過濾防護措施呢！」呼吸區的區長得意的說。

鼻腔空氣檢查哨是空氣的入口，在這裡會利用鼻毛和黏液，先篩掉空氣中大部分的灰塵。之後，空氣便進入了空氣快速道路。途中，在氣管道路上有纖毛細胞，會接續清除灰塵。最後，乾淨的空氣才會被送到肺臟空氣處理中心。

雖然呼吸區的區長對於防止沙塵暴信心滿滿，不過，巴市長很清楚這些措施只能處理灰塵量不多的狀況。所以，為了避免這回的沙塵暴對巴第市造成影響，他決定在鼻腔空氣檢查哨的外圍安裝最新型的口罩防護網。

三天後，討人厭的沙塵暴終於遠離了。由於巴市長做了萬全的防護措施，所以，巴第市絲毫沒有受到任何影響。不過，接下來幾天，巴市長卻開始為巴第市內水分的問題擔心了起來。

原來是氣溫上升，造成巴第市內水分大量流失，「請口腔食物進口中心這幾天務必多運送些水，進入巴第市。」巴市長下達指令。

接到指令後，口腔食物進口中心立即增加運送水分的次數，但是管理口腔食物進口中心的大嘴站長，由於工作繁忙，有好幾次都忘了巴市長的交代。

「糟了！今天送水的次數好像還沒到達標準！」大嘴站長突然想起來，「趕快補足，不然巴市長知道了，恐怕要大發雷霆了！」

為了補足送水量，口腔食物進口中心火速將水運進巴第市。可是，沒想到忙中有錯，本來該送往食物輸送道「食道」的水分，一不小心，居然送到了氣管道路了。

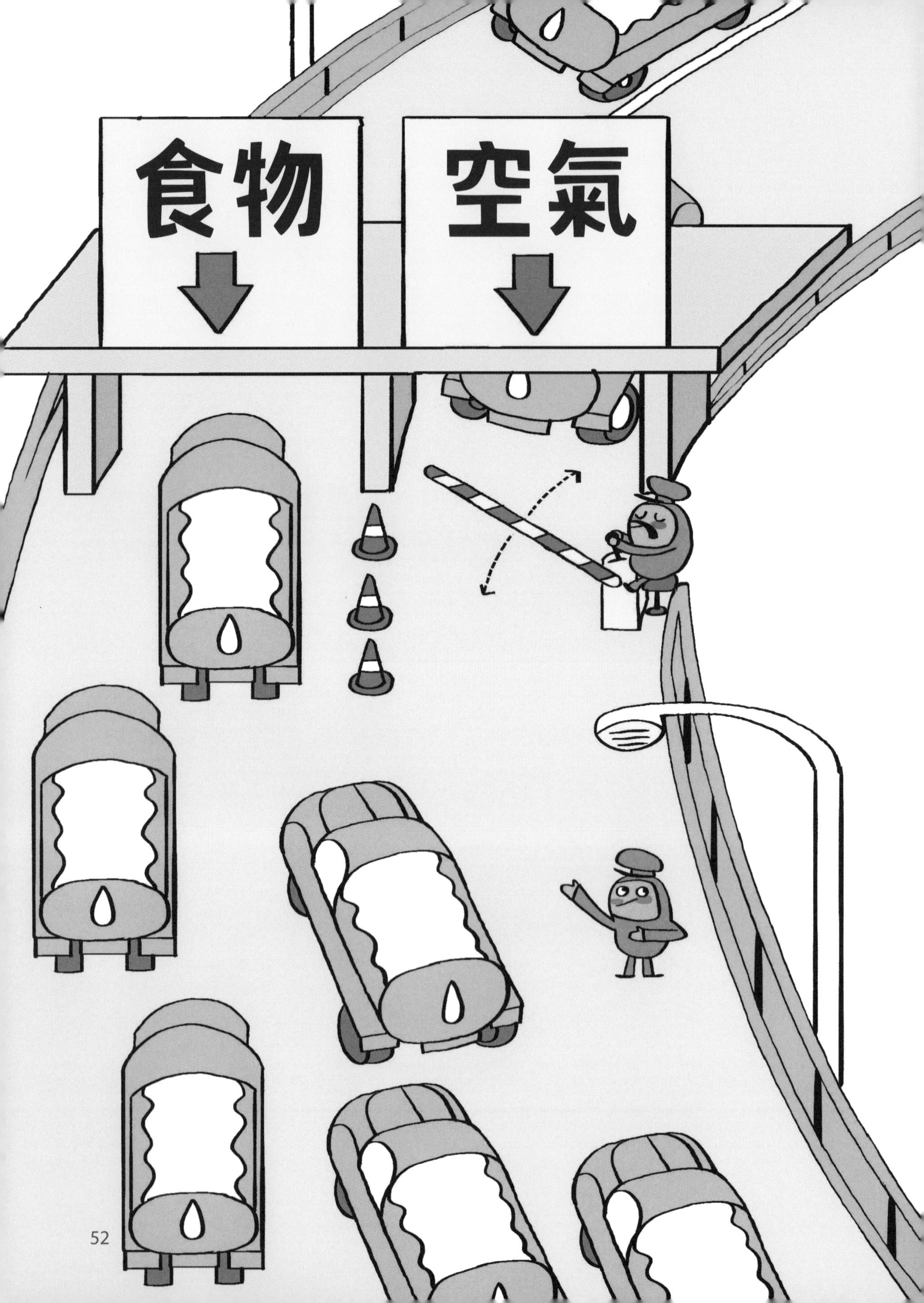
食物
空氣

原來，氣管道路出入口有一道閘門，稱為「會厭軟骨」。當食物要從口腔食物進口中心送入食道時，會厭軟骨就會關閉，讓食物能夠順利進入食道，到達胃食物加工廠，不會誤闖氣管道路。但是，如果食物運送的過程太急促，偶爾就會出現差錯，而被送進了氣管道路。

咳——咳——咳——

為了清除這些誤闖的異物，氣管道路會立即啟動「咳嗽」防護機制，好讓這些異物能儘快移除。不過，這不小的震動也驚動了在大腦市政府辦公的巴市長。他立刻將監控畫面切換到呼吸區，想弄清楚到底發生了什麼狀況。

「因為有水不小心送到了氣管道路，『咳嗽』防護機制啟動，才會產生震動。」呼吸區的區長說。

「怎麼會送錯地方呢？這個錯誤絕對不允許再發生，這會毀了我們巴第市的。」巴市長很生氣的說。

眼見巴市長火冒三丈，大嘴站長坦承疏失，當然，免不了挨一頓罵。不過，幸好沒釀成大禍。有了這次教訓，大嘴站長再也不敢掉以輕心，任何工作都得老老實實的切實完成才行呢！

食物正確運送的過程

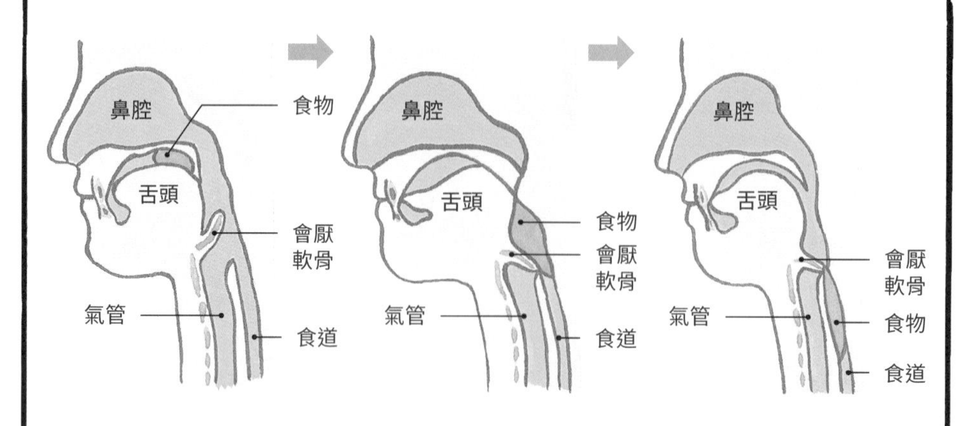

- 食物在口腔經過咀嚼後，會被舌頭推向後方，再被送往食道。
- 食物要從口腔送入食道時，會厭軟骨會向下蓋住氣管的入口。
- 食物順利進入食道後，會被迅速往下運送而到達胃。

食物誤送氣管道路

- 會厭軟骨沒有完全向下蓋住氣管的入口，導致食物誤入氣管。

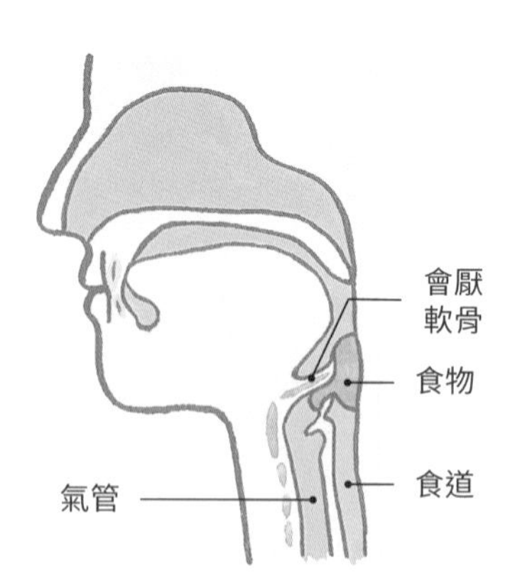

巴第市旅遊指南

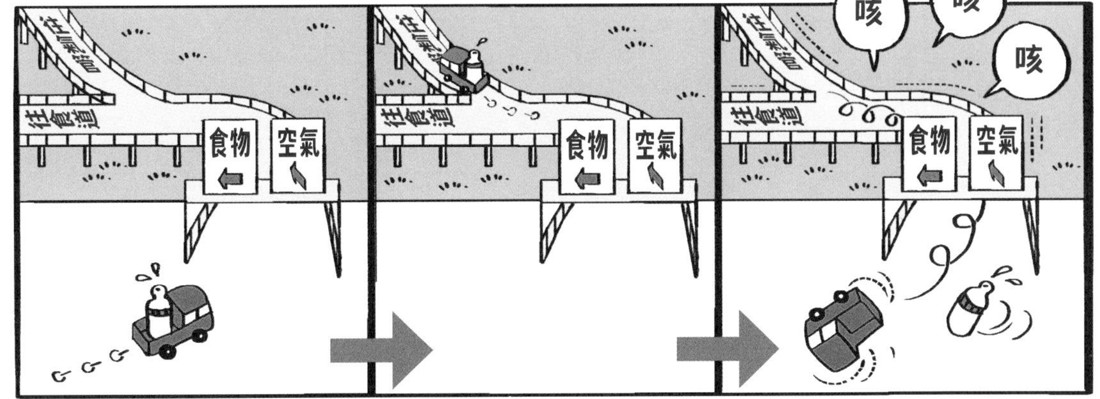

誤闖氣管道路，
會立即被「咳」出。

速度過快
危害安全

看清指示　勿開錯路，Happy Body Go Go Go

親愛的巴市長：
您好！我是對人體氣管很感興趣的小星，請問水或食物進入氣管，很危險嗎？另外，冬天時，媽媽老是要我圍上圍巾，保護氣管，這麼做真的有用嗎？

小星：

當有異物進入氣管時，如果是比較大的物體，比如食物或水，會立即引發氣管的反射動作—咳嗽，將異物排出。這個動作是為了避免異物塞住氣管或支氣管，造成呼吸困難。平時這種反射動作都十分靈敏，但是在意識狀態不清時，會失去功能。所以有人休克或酒醉時，不能隨便給他喝水，以免嗆到。

除了小心不要讓異物進入氣管，讓氣管保暖也很重要喔！平時氣管內部有纖毛細胞，會協助將空氣中的細小異物（包括細菌）往外推出去。但是纖毛的活動力對溫度的變化十分敏感，如果氣管內的溫度變低，纖毛活動就會變慢，而降低排出異物的能力，自然也就會降低氣管抵抗細菌或病毒的能力了。所以，在冷天時，我們應該多穿高領衣服，保護脖子；或是戴口罩，提高口腔和喉嚨的溫度。

小星，要保護氣管，除了冬天圍圍巾，平時也應該多喝溫水，少喝冰水。喉嚨的溫度提高，氣管的溫度自然也會提高了。

平日就努力保護氣管的巴市長　敬上

第七章

誰的功勞了不起

耳朵與聽覺

值日醫生：徐明洸叔叔

一連好幾個月，巴第市都在「低風險城市排行榜」中名列榜首。要達到這樣的成績，可說是高難度的任務，因為除了要有效遏阻病毒怪客的攻擊，還得機警的處理任何突發的狀況呢！

「呵！這回能有這麼傑出的表現，巴第市的觀測站、雷達站功不可沒。」巴市長說。

任何巴第市以外的資訊，會透過視覺、聽覺、觸覺、味覺及嗅覺等方式，經由各個器官部門送入大腦市政府。就是這些豐富的資訊，巴第市才能掌握四面八方的情況，避開任何的危機。其中，又以傳送視覺資訊的眼睛觀測站，最受到巴市長的重視，在好幾次公開場合中，都得到大大稱讚。

「如果少了眼睛觀測站送進來的影像資訊，巴第市就無法有這麼優異的表現。」巴市長說。

每回聽到巴市長這麼說，耳朵雷達站的負責人大聲公站長，心裡總不是滋味。因為嚴格說起來，眼睛觀測站每天都有休息的時間，耳朵雷達站卻是分分秒秒不停工，有任何風吹草動的聲音，都得傳回大腦市政府呢！

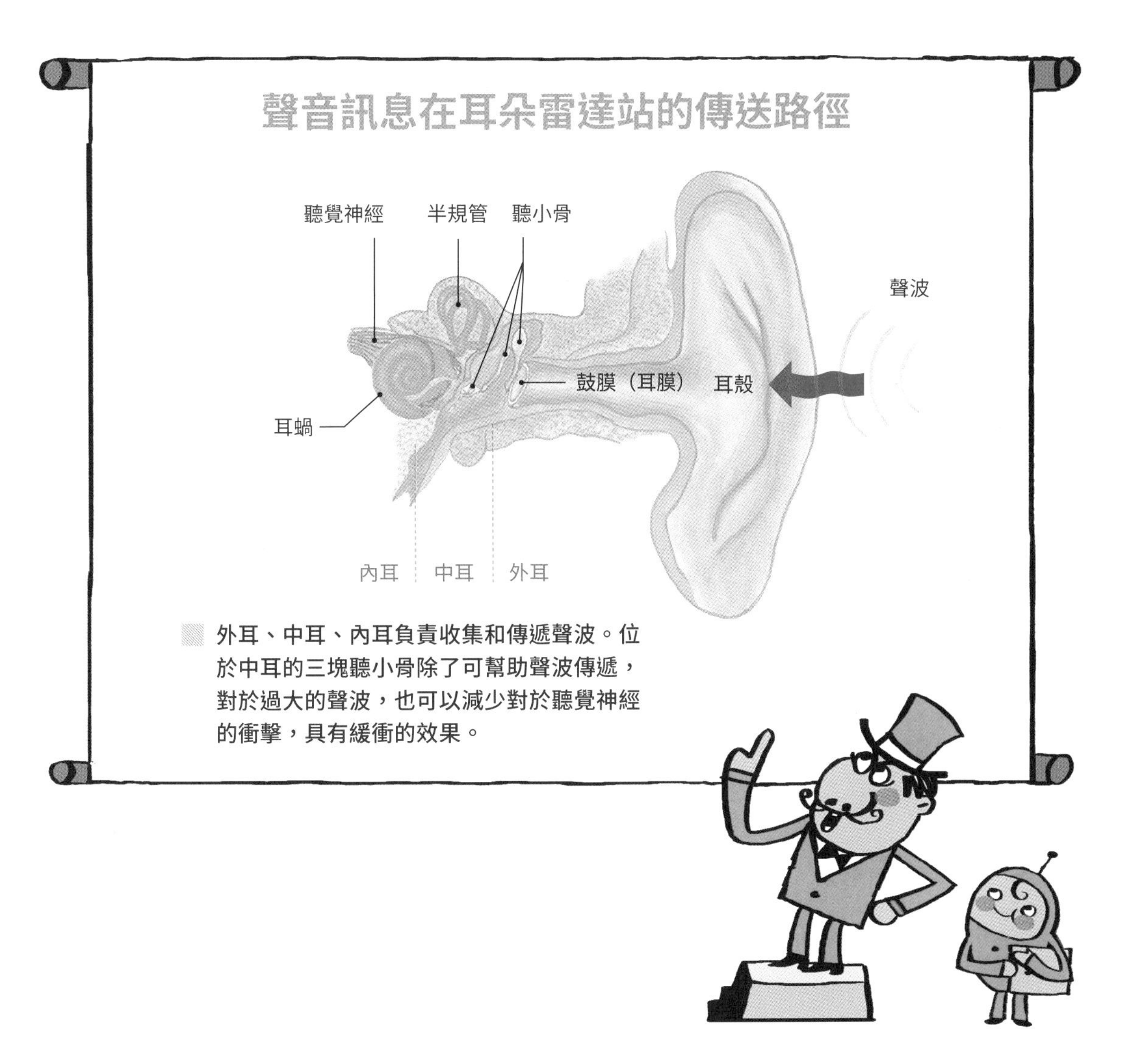

外耳、中耳、內耳負責收集和傳遞聲波。位於中耳的三塊聽小骨除了可幫助聲波傳遞，對於過大的聲波，也可以減少對於聽覺神經的衝擊，具有緩衝的效果。

「如果沒有我們傳送聲音，怎麼能知道影像上的正確意義？」大聲公站長私下不滿的說，「更何況我們還能從聲音訊息的來源，判斷它的位置呢！」

耳朵雷達站有三個工作部門，分別名為外耳、中耳及內耳。外耳負責收集聲波，讓聲波振動鼓膜（也稱耳膜）；中耳負責傳遞聲波，由三個聽小骨接力傳遞振動鼓膜的聲波，送進內耳的耳蝸。當耳蝸內的聽覺神經接收到聲波後，會將聲波轉變成神經波，傳送到大腦市政府的聽覺皮質區，最後巴市長便獲得了聲音訊息。

巴第市就是經過如此精密的工作程序，才能準確的掌握許多資訊。

面對自己的辛苦沒得到重視，大聲公站長免不了有些埋怨。不過，他並不氣餒，仍然堅守崗位，他相信總有一天，巴市長會發現耳朵雷達站的優點。

叭——

叭——叭——

一陣嘈雜聲在巴第市南方響起，耳朵雷達站立刻將聲音訊息傳回大腦市政府。幾乎同一時間，正在探查巴第市北方環境的眼睛觀測站，接到指令查看南方的狀況，結果發現一輛車子正快速往巴第市的方向前進。這時，大腦市政府火速下達指令，進行緊急保護移動措施，以免車子衝撞巴第市。

「多虧了耳朵雷達站的敏銳偵測，巴第市才能提供安全的工作環境。」巴市長說完，臺下掌聲如雷。

這回，盡忠職守的大聲公站長，讓巴第市避免了一場大災難，巴市長除了大力嘉勉外，還特地辦了一場表揚大會。這次事件不僅讓耳朵雷達站大出風頭，巴市長也對自己之前的態度感到抱歉。在巴第市，個個都是了不起的大功臣，少了其中一個，想要解決任何麻煩事，都是難上加難呢！

巴第市旅遊指南

禮 品 店
耳垢

嗯，我想你說的應該是「耳垢」吧！帶一點當紀念品，沒問題！但千萬別太多，那可是保護耳朵雷達站的武器呢！
聽說耳朵雷達站的伴手禮獨一無二，我一定要大肆採購……
耳朵造型的棒棒糖
大耳朵髮箍

親愛的巴市長：
您好！我是超會暈車的阿勇，我媽媽說等我長大後，暈車的情況會改善，這是真的嗎？

阿勇：

媽媽說的完全正確喔！耳朵除了負責聽覺外，也掌管人體的平衡。暈車和耳朵內的三對半規管有關。半規管會感受頭部前後、左右的移動和旋轉，並把相關的資訊傳給腦部，而腦部再依據這些移動和旋轉的狀況，使身體調整姿勢，達到平衡。

人為什麼會暈車呢？因為車子在行進時，半規管不斷傳遞頭部前後、左右、旋轉的資訊給腦部，當腦部無法長時間對這些大量湧入的訊息做出反應時，就會產生頭暈、嘔吐等情況。3 歲到 12 歲的小朋友，半規管已經夠敏感，但腦部的調控能力還不夠好，所以最容易暈車。等到長大以後，腦部的調控能力會變得比較好，也就比較不會暈車了。

阿勇，如果你現在想改善暈車的毛病，可以吃暈車藥，抑制半規管的運作，或是試著在車上睡覺，因為半規管只有在人清醒時才會發揮作用。另外，還有一些方法也可以改善暈車，例如坐在司機附近的座位，可以察覺司機開車的動作，以預知前面的路況，這樣腦部對半規管傳來的大量訊息就可以忽略而比較能夠忍受了。

已經很久沒暈車的巴市長　敬上

第八章

市民心情指數機

氣味與嗅覺

值日醫生：徐明洸叔叔

每次一到夏天，巴市長就頭痛得不得了，因為除了要穩定城市的溫度，還得時時留意補充巴第市流失的水分。另外，還有一件棘手的事困擾他，那就是市民們好像全得了「夏天症候群」，個個都無精打采的。

「有沒有什麼方法，可以找回大家的活力呢？」巴市長坐在辦公室裡，望著阿強祕書思考著。

一向做事俐落的阿強祕書，這陣子臉上的笑容明顯減少了；其實，不只阿強祕書，各部門的工作人員也一樣。身為優良城市的大家長，除了監督工作執行情況外，也得讓市民們樂在工作才行。所以，巴市長下令向外蒐集資料，找出振奮大家精神的辦法。

沒多久，耳朵雷達站攔截到一個重要情報，負責人大聲公站長

興奮的向巴市長回報。

「報告市長，根據可靠消息指出，多引進一些大自然的花香氣味，可以提振精神，讓心情愉悅。」大聲公站長說。

「真的嗎？」巴市長按捺不住雀躍的心情，立刻下令：「那我們還等什麼，趕快透過鼻腔空氣檢查哨，引進巴第市。」

飄浮在空氣中的任何氣味分子，都會藉由鼻腔空氣檢查哨進入人體城市。在鼻腔空氣檢查哨頂部的黏膜區，有許多工作成員，稱

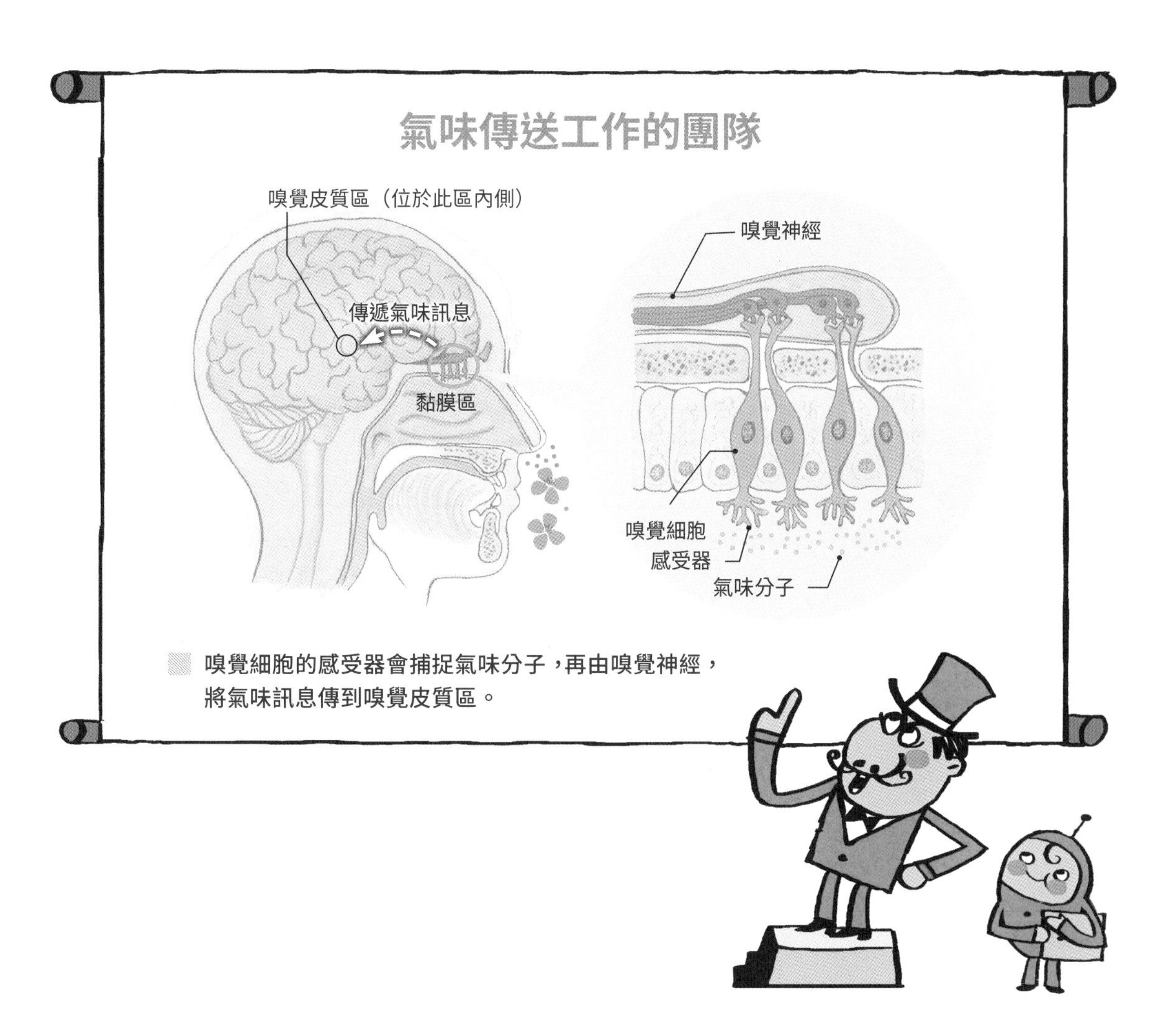

嗅覺細胞的感受器會捕捉氣味分子，再由嗅覺神經，將氣味訊息傳到嗅覺皮質區。

為「嗅覺細胞」。當氣味分子到達這裡時，嗅覺細胞的感受器會捕捉氣味分子，之後再由工作成員「嗅覺神經」將氣味的訊息送達大腦市政府裡的嗅覺皮質區。

嗅覺皮質區除了可以分析聞到的味道，還能分析味道的濃度。同時，氣味的訊息也會傳到大腦市政府的情感中心，影響市民的情緒反應。

自從花朵芬芳的氣味飄進巴第市後，市民們都變得很愉快，做起事來比以前更賣力，臉上不耐的表情全都一掃而空。看來，困擾巴市長的麻煩事，有了好的解決方法。

「咦！這是什麼怪味道？」這天，正在巴第市巡視的巴市長，發現市民個個臉色下沉，空氣中彌漫著一股令人不舒服的氣味。

原來，鄰近巴第市的人體城市正在進行含硫氣體「屁」的排放，臭味跟著空氣飄進了巴第市內。

噁心難聞的味道，除了嚴重影響市民的情緒，巴第市有些部門甚至還出現了不正常的運作。為了避免情況持續惡化，大腦市政府除了要求改善周遭的環境，同時，也請鼻腔空氣檢查哨暫時減緩運送空氣，希望藉此減少劣質氣體進入巴第市。

「原來氣味會影響市民的心情！」巴市長說。

經過「花香味」和「屁味」事件後，巴市長發現，氣味是巴第市市民的心情指數機：芳香的好味道，讓人精神百倍；噁心的臭味道，讓人無心工作。不過，要去哪裡找那麼多的好味道呢？關於這個問題，巴市長一點都不擔心，因為鼻腔空氣檢查哨裡的嗅覺細胞能夠接收一萬種以上不同的氣味，不論是香的還是臭的味道，全都難不倒它，交給它就通通搞定了！

巴第市旅遊指南

發揮公德心　旅遊尚讚，Happy Body Go Go Go

親愛的巴市長：
您好！我是很怕聞到臭味的大毛，有時我真希望自己沒有嗅覺，那樣就不會有困擾了。請問，沒有嗅覺，很嚴重嗎？

大毛：

雖然聞到臭味，讓人不舒服，不過，聞到氣味清香的好味道，會讓人神清氣爽呢！人體是靠嗅覺細胞的感受器感受空氣中的化學成分，而聞到不同的味道。由於鼻腔內的嗅覺感受器，數量高達上萬個，所以，最少能聞出上千上萬種氣味。

如果外力傷害了腦部的嗅覺皮質區，人就有可能聞不到任何味道。另外，人在感冒或過敏時，鼻腔內部分泌的黏液覆蓋嗅覺感受器，將會使嗅覺感受器無法捕捉氣味分子。如果身邊有人抽菸，也會阻斷嗅覺感受器捕捉氣味分子，因為香煙中的尼古丁，對於嗅覺感受器而言是強烈刺激，會遮蓋其他味道。此外，年紀大、身體缺乏微量金屬鋅和錳時，嗅覺會變遲鈍，甚至無法發揮作用。

聞不到味道，不僅找不到香噴噴的美食，更無法分辨有毒物質，失去預警作用。所以，聞到臭味雖然不怎麼開心，但也能讓你趨吉避凶喔！

常用鼻子找美食的巴市長　敬上

第九章

姊妹市的災難

眼睛與視覺

值日醫生：何子昌叔叔

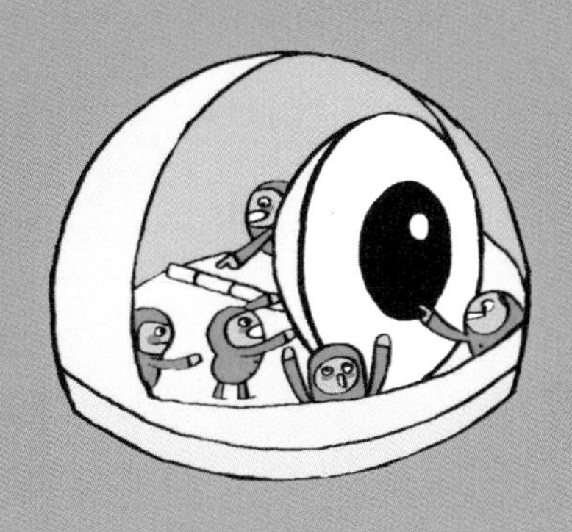

一早，巴第市就接獲姊妹市傳來的新訊息。對於姊妹市掌握資訊的能力，巴市長不得不佩服，但也對於姊妹市為什麼能如此神通廣大，十分好奇。後來，經過旁敲側擊的調查，他才知道姊妹市的眼睛觀測站長期大量搜尋文字和影像資訊，因此才能建立豐富的訊息資料庫。

「巴第市的眼睛觀測站也得加把勁，我們不能老讓姊妹市專美於前。」巴市長慎重的交代阿亮站長。

眼睛觀測站的工作方式

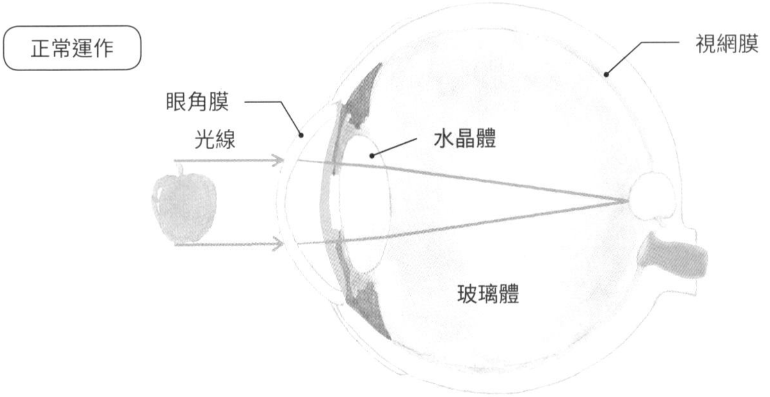

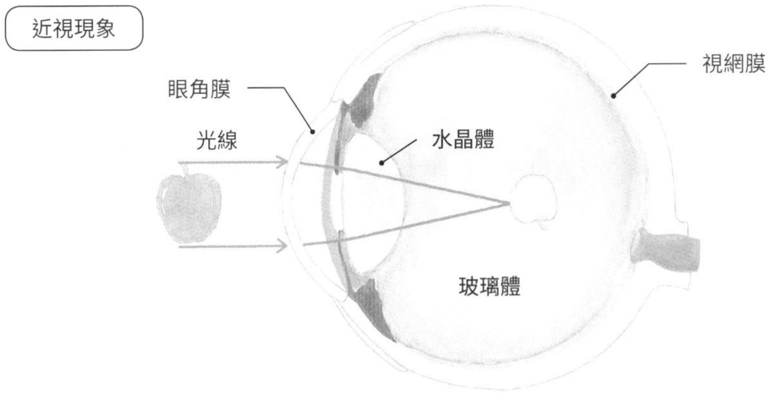

正常運作

視網膜
眼角膜
光線
水晶體
玻璃體

近視現象

視網膜
眼角膜
光線
水晶體
玻璃體

眼睛不當使用時，物體影像無法順利聚焦在視網膜上。

一早，巴第市就接獲姊妹市傳來的新訊息。對於
姊妹市掌握資訊的能力，巴市長不得不佩服，
但也對於姊妹市為什麼能如此神通廣大，十分好
奇。後來，經過旁敲側擊的調查，他才知道姊妹
市的眼睛觀測站長期大量搜尋文字和影像資訊，
因此才能建立豐富的訊息資料庫。
「巴第市的眼睛觀測站也得加把勁，我們不能老讓
姊妹市專美於前。」巴市長慎重的交代阿亮站長。

眼睛觀測站具有視網膜、水晶體、視神經、視交叉等配備，而視網膜上又分布了一億兩千五百萬個感光細胞。當眼睛觀測站觀測到物體時，水晶體就會聚集物體上的光線，讓物體的影像得以聚焦在視網膜上。之後，視網膜上的感光細胞就會將物體的影像轉為訊號，透過視神經傳送到大腦市政府的視覺皮質區。

為了不辱使命，阿亮站長要求眼睛觀測站的工作人員，立即加強搜查影像和文字資訊；不過，為了能夠早日和姊妹市並駕齊驅，眼睛觀測站陷入了工作量暴增和工作超時的情況。

就在巴市長等著驗收成果時，卻頻頻傳出姊妹市發生意外的消息，首先是把辣椒醬當作番茄醬，結果搞得口腔食物進口中心人仰馬翻。另外，向來資訊準確無誤的姊妹市，居然一連出了好幾次差錯。更糟糕的

是，有一回眼睛觀測站沒有察覺到危險物，結果導致皮膚保護牆的右手臂區受到了撞擊傷害。

「怎麼會發生這麼離譜的事？」巴市長對於這樣的情況十分憂心，「該不會是因為病毒怪客搞鬼吧！」

層出不窮的狀況，讓姊妹市的市長疲於奔命，在巴市長的勸告下，姊妹市決定做個全市澈底大檢查，看看是否真的和病毒怪客有關。經過一連串詳細檢查後，調查結果終於出爐了，意外事故跟病毒怪客毫無關係，全都是眼睛觀測站工作過度，功能受損惹的禍。

原來，眼睛觀測站會隨著物體的遠近，調整焦距，使物體影像聚焦在視網膜上，讓大腦市政府能獲得清晰的影像。但是當眼睛觀測站的工作量暴增或工作方式錯誤時，物體的影像就會聚焦在視網膜的前方，而不是在視網膜上，於是大腦市政府接收到的影像就會模糊，這種情形就稱為「近視」。

找到問題的癥結後，姊妹市市長除了了解眼睛觀測站受損的程度外，也積極尋找補救措施。為了讓影像能順利聚焦在視網膜上，所以，姊妹市決定在眼睛觀測站上加上輔助工具「眼鏡」。

姊妹市的慘劇，讓巴市長心生警惕，他立即對眼睛觀測站提出了一個提醒、兩個要求：不能超時工作、慎選文字資訊形式，以及隨時注意光線。雖然向外搜尋資訊是一件大事，不過，維持眼睛觀測站正常運作，也是不能輕忽的問題。

巴第市旅遊指南

1. 補充維生素 A：
   胡蘿蔔、菠菜、青椒等。
2. 補充維生素 B：
   糙米、胚芽米、全麥麵包等全穀類食物。
3. 補充維生素 C 和其他營養素：
   奇異果、芭樂、木瓜等。

送對食物　皆大歡喜，Happy Body Go Go Go

親愛的巴市長：
我是不想成為四眼田雞的豆花，請問有沒有什麼方法可以保護我的眼睛呢？還有，近視會導致失明嗎？

豆花：

我們兩個人有志一同，都不想成為「四眼田雞」呢！眼睛是靈魂之窗，的確應該好好保護。當眼睛近距離盯著物體看，例如看書、看電視、看電腦螢幕等，如果時間過長或環境照明不足，很容易造成近視。

因此，眼睛近距離看事物時，除了要有適當的照明，每 40 分鐘到 50 分鐘，應該閉眼休息 1 到 2 分鐘，或離開觀看的事物，到戶外看看遠方，以便眼睛可以適度放鬆。

如果已經患有近視，那要注意避免近視加深。由於高度近視和視網膜病變有密切關係，因此，如果發現眼睛的視野突然出現了大量黑點，要趕快到醫院檢查視網膜。

萬一視網膜的邊緣產生破洞，惡化成視網膜剝離，光線就無法順利聚焦，視野將如有布幕從旁邊往中間拉近，視野逐漸縮小。如果沒有接受治療，最後會無法看見任何影像，所以千萬別輕忽近視，就算戴了眼鏡，也要好好的愛護眼睛！

常常善待「靈魂之窗」的巴市長敬上

第十章

烏龍情報大麻煩

皮膚與冷熱調節

值日醫生：王莉芳阿姨

「這屆『金鑽獎』的得獎者是——『巴第市』！」

回想起獲獎的畫面，巴市長的嘴角就忍不住上揚。這是人體城市中了不起的獎項，想得獎，可得花上不少的功夫呢！首先，器官部門得通過正常運作的檢測，再來，所有相關的檢驗數據都必須在標準值內，連溫度也得控制在一定範圍內。

巴第市整年溫度都維持在攝氏 36.8 度到 37.5 度，過高或過低

的溫度，都會導致器官部門運作失常。所以，為了讓溫度保持正常，當冷氣團或熱浪來襲時，巴第市的皮膚保護牆會發出警報，提醒大腦市政府做出因應措施。

「報告！目前市外溫度下降中，請特別注意！」一察覺溫度有異狀，皮膚毛髮區區長立即回報。

皮膚保護牆除了能感應冷熱氣溫，也能幫助巴第市內的溫度維持恆溫。當巴第市的溫度升高，皮膚保護牆內部的「真皮層」就會

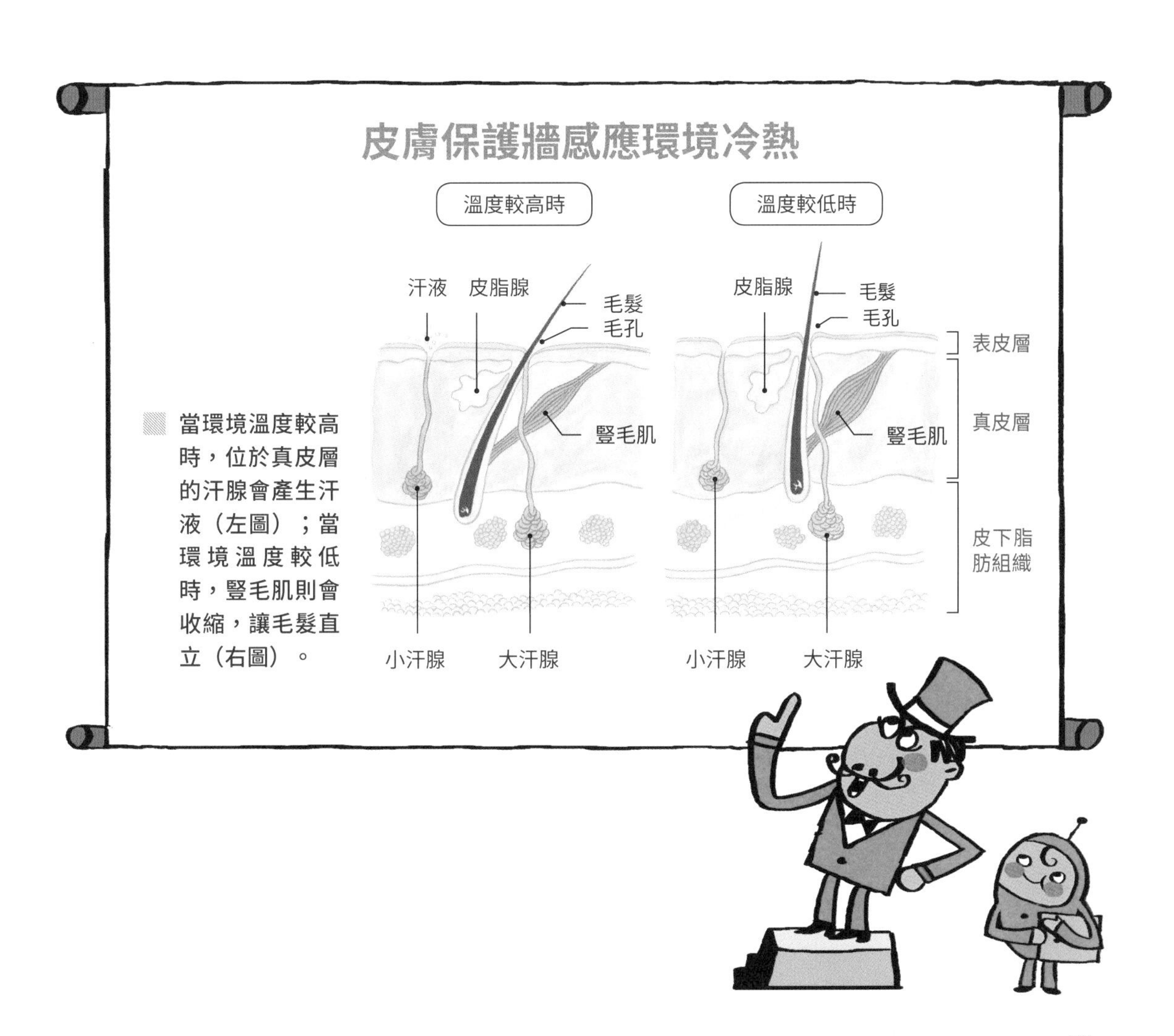

立即進行散熱措施。真皮層裡的汗腺會產生汗液，並從皮膚保護牆的牆面排出和蒸發，巴第市的溫度就會下降。而當巴第市的溫度降低時，皮膚保護牆的「豎毛肌」則會收縮，使毛髮直立，如此一來，皮膚保護牆上就會保留一層空氣，達到保暖的功能。

不過，如果城市溫度變化的幅度過大，除了皮膚保護牆所進行的散熱及保暖措施，巴市長也會向外尋求保暖設備，好讓巴第市能維持在恆溫的狀態。

怡人的溫度，是巴第市順利運作的重要因素之一。所以，巴市

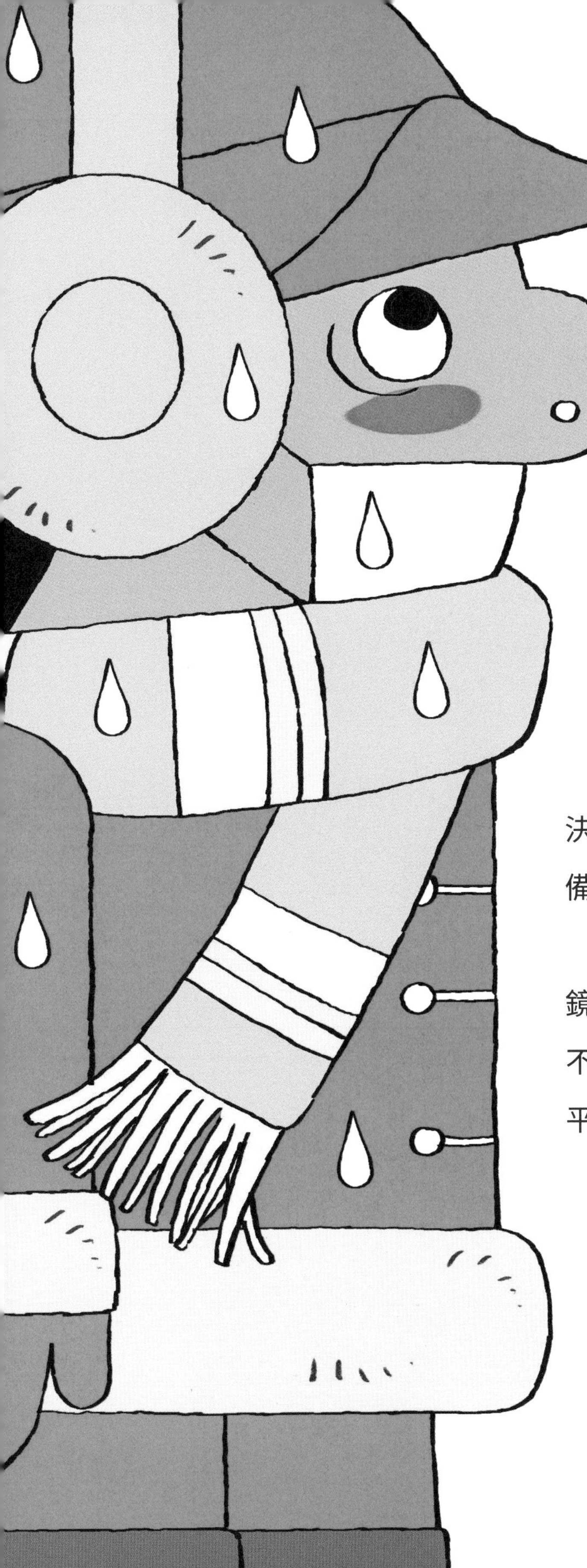

長不僅要求皮膚毛髮區提高警覺，也要求耳朵雷達站和眼睛觀測站，隨時關心最新的氣象預報資訊，以便及早做好準備。

「明天將有冷氣團南下，氣溫會降到攝氏18度。」大腦市政府十分看重每一則氣象情報。

為了避免冷氣團來襲，使巴第市市內的溫度下降，巴市長決定在城市周圍加上重重的保暖設備，抵禦低溫。

結果，第二天跌破大家的眼鏡，竟然是個豔陽高照的好天氣，不僅沒有冷氣團來，就連氣溫也比平常高了好幾度。

高溫加上外圍層層的保暖設備，讓巴第市市內的溫度一直往上飆升，市民們個個都被高溫搞得心煩氣躁。

為了降低高溫，皮膚保護牆的汗腺拚命運作，希望能夠藉由排出汗液，讓全市溫度下降。可是，效果不彰，溫度仍然高居不下，巴第市的運作將陷入危機……

「怎麼會這樣呢？」突然，巴市長想到了一個重要的關鍵。

「啊！忘了把保暖設備移除。」

層層的保暖設備讓汗液無法蒸發，導致巴第市內的溫度遲遲無法下降。找到主因後，巴市長立刻下令撤除巴第市外的保暖設備，果然在短時間內，汗液順利蒸發後，溫度就恢復到舒適的狀態。

烏龍氣象情報差點闖出大禍，為了避免日後重蹈覆轍，除了加強氣象情報的掌握，巴市長也決定強化危機處理能力，因為挑戰常常會出其不意的現身呢！

巴第市旅遊指南

抓對天氣　拍到好照片，Happy Body Go Go Go

親愛的巴市長：

您好！我是小不點，我有一個超級麻煩的問題，就是我很容易流汗，大家都說是因為我太容易緊張的緣故，真的是這樣嗎？

小不點：

正常情況下，只要人體體溫過高，汗腺就會分泌汗液，好讓體溫下降。每個人汗腺發達的部位都不相同，所以流汗多寡的位置也不一樣。有的人容易額頭冒汗，有的人則是手心容易流汗。

人體除了在氣溫高時會流汗，遇到緊張的時刻，的確也會流汗。汗線是由交感神經系統所控制，當人體感受到壓力或危險時，交感神經會使人體的心跳加速、呼吸變快和體溫增高。為什麼會這樣呢？這是為了讓人能保持警覺，積極的應變各種情況。所以，在緊張的時候，流汗是正常的反應喔！

小不點，如果不想讓自己常常流汗，學習減少心情上的起伏，不做「緊張大師」，應該會很有幫助！

做事處變不驚的巴市長 敬上

第十一章

大戰
蚊子軍團

皮膚與觸覺

值日醫生：王莉芳阿姨

病毒怪客向來是人體城市的頭號敵人，「只要擺平病毒怪客，就沒什麼解決不了的問題！」這是巴市長常掛在嘴邊的話，但最近他卻被蚊子軍團搞得心神不寧。

天氣轉熱，蚊子軍團紛紛傾巢而出，攻擊人體城市，雖然威力不如病毒怪客，不過，一旦被盯上，通常得大戰好幾回合，才能安然脫身。由於不斷有人體城市慘遭襲擊的新聞傳出，巴市長也不禁為巴第市的安全擔心。

「哎呀！我怎麼會這麼沒信心呢！」巴市長突然想起巴第市嚴密的防衛系統，覺得自己是白操心。

整個巴第市除了眼睛觀測站、鼻腔空氣檢查哨、

耳朵雷達站、口腔食物進口中心和肛門垃圾場出口之外，其他全都被皮膚保護牆包圍著。皮膚保護牆除了是守衛巴第市安全的第一道防線外，也能辨別出各種攻擊巴第市的武器。

皮膚保護牆上有許多感覺接受器，這些感覺接受器一旦接收到外界的刺激後，會透過感覺神經將訊息傳遞到大腦市政府的「感覺皮質區」。感覺接受器分為好幾種，每一種負責接受不同的刺激。在這些接受器的運作下，就形成了「觸覺」資訊。

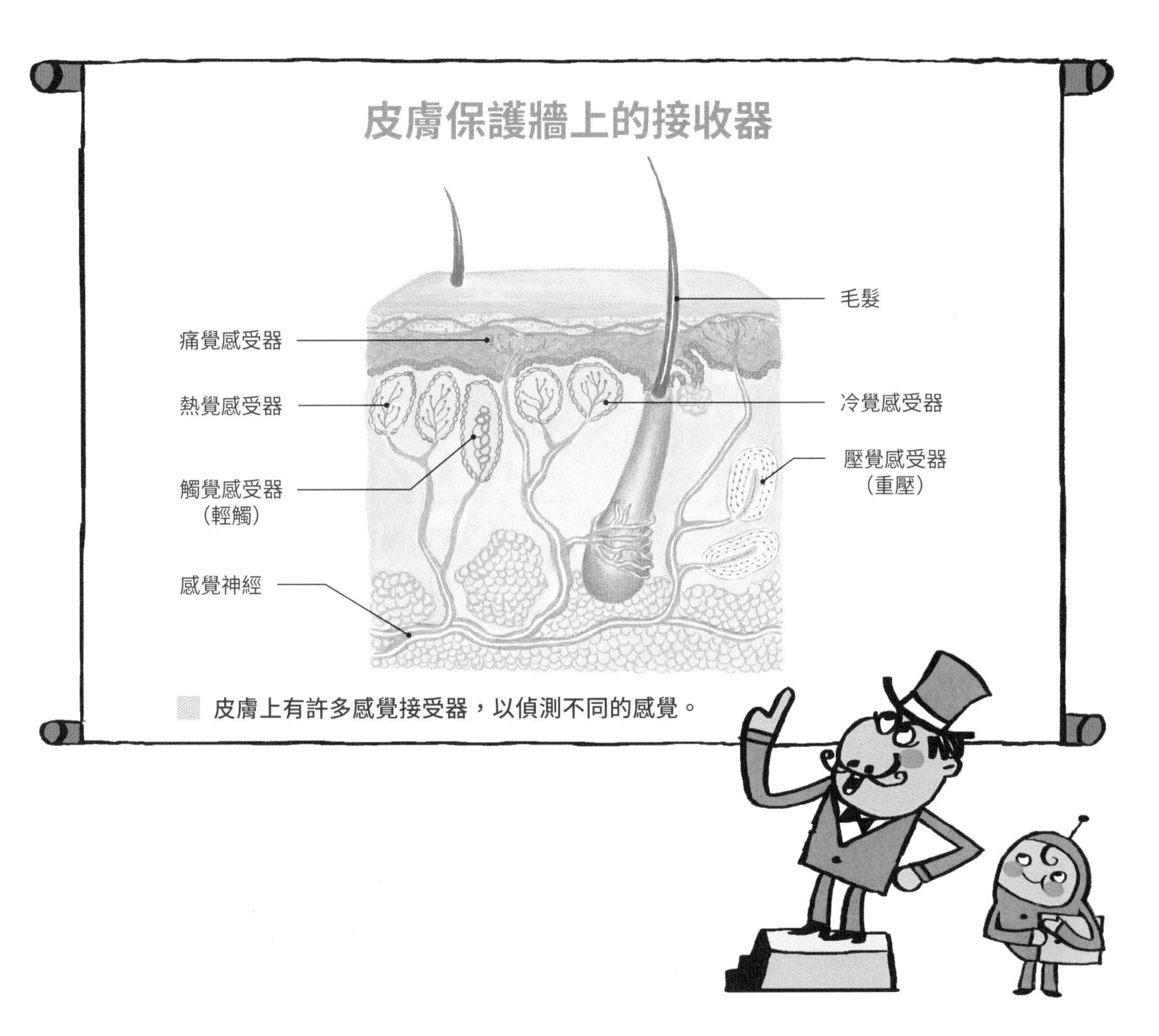

皮膚上有許多感覺接受器，以偵測不同的感覺。

一提起巴第市的防禦系統，巴市長就信心滿滿，他相信蚊子軍團的行動將如同之前任何一項攻擊，全都會無疾而終。

「報告，接收到蚊子軍團飛行的聲音訊號。」大聲公站長說。

「在接近巴第市的北方，發現蚊子軍團的蹤影。」偵測到蚊子軍團行蹤的阿亮站長回報。

這天，巴市長正在辦公室裡辦公，突然，從耳朵雷達站及眼睛觀測站，傳來了蚊子軍團進攻的消息。

「所有人提高警覺，絕對不能讓蚊子軍團偷襲的計謀得逞！」接獲訊息後，巴市長再三叮嚀。

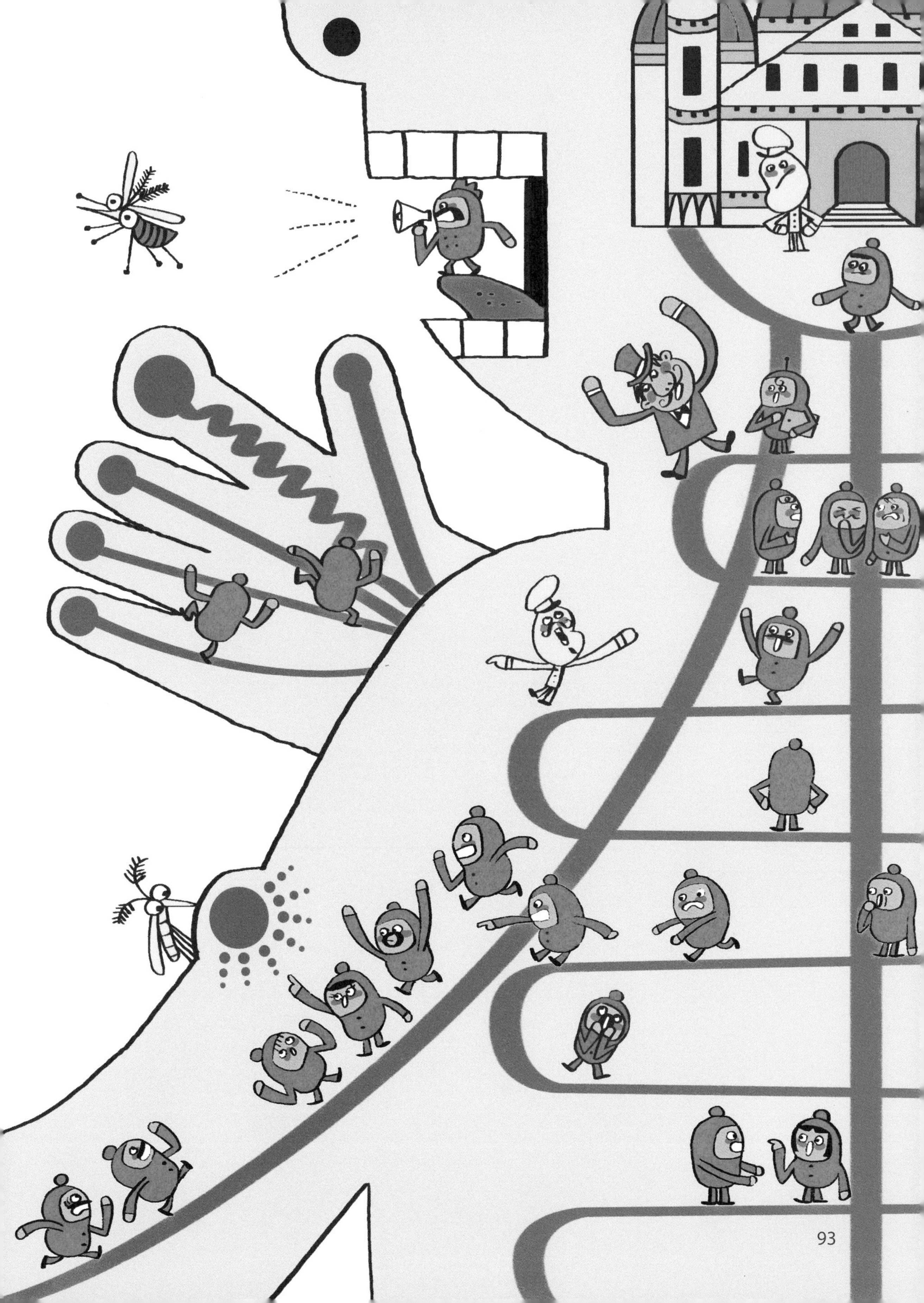

一發現蚊子軍團的蹤影，巴第市立刻進入警戒狀態。不過，蚊子軍團也不是省油的燈，立刻進行躲藏戰術。巴第市沒發現異狀，誤認敵軍已經撤退時，左手臂區和右手指區，不知不覺竟然都遭到蚊子軍團的攻擊。右手指區的皮膚保護牆立即傳回了牆面破洞、凸起的訊息，數分鐘後，左手臂區也回報被攻擊的消息。

「現在災情如何？」巴市長焦急的問。

「目前右手指區的情況比較嚴重！」阿強祕書說。

位於皮膚保護牆的感覺接受器並不是均勻的分布在保護牆各區域，像是手指、嘴唇、臉頰等區域的感覺接受器，數量就遠高於其他區域，這些區域全都屬於高敏感區。

為了減輕蚊子軍團攻擊所造成的傷害，巴市長即刻下令在遭受襲擊的保護牆上塗抹高科技藥劑，避免牆面損壞，災情擴大。

「看來，我真是小看蚊子軍團！」這回，巴市長輕敵了，不過，有了這次的經驗，下回可不會再犯同樣的錯誤。而蚊子軍團也別得意忘形，下回巴第市絕對會布下天羅地網，不再讓敵人有機會越雷池一步的。

巴第市旅遊指南

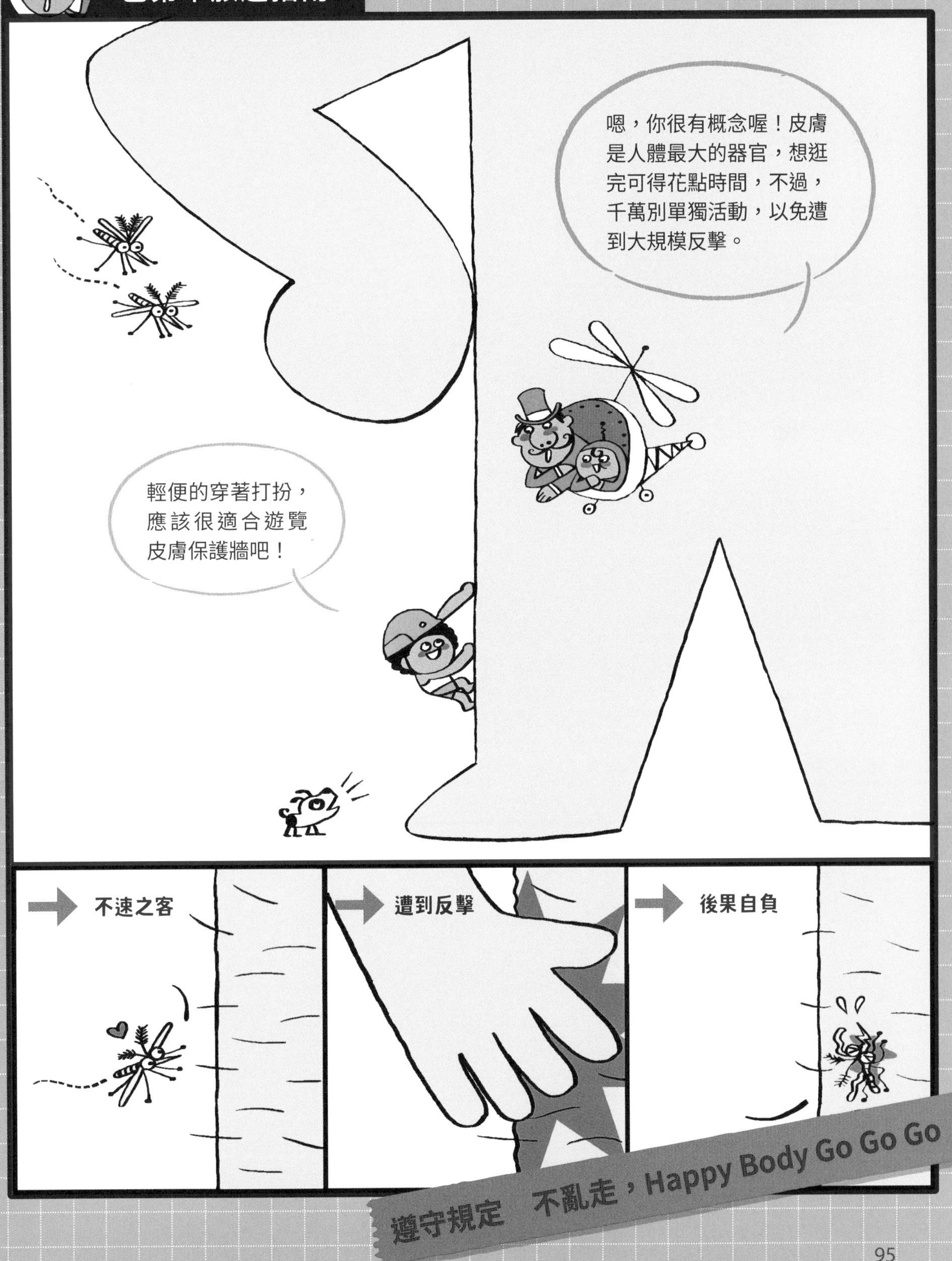

輕便的穿著打扮，應該很適合遊覽皮膚保護牆吧！
嗯，你很有概念喔！皮膚是人體最大的器官，想逛完可得花點時間，不過，千萬別單獨活動，以免遭到大規模反擊。
不速之客
遭到反擊
後果自負
遵守規定　不亂走，Happy Body Go Go Go

親愛的巴市長：
您好！我是超害羞的阿怪，我的1歲小表妹被蚊子叮咬後，臉上腫了一大塊，請問是因為臉皮薄的關係嗎？容易害羞也是因為臉皮不夠厚的緣故嗎？

阿怪：

害羞跟臉皮的厚度沒有半點關係，而且臉皮也不是人體皮膚最薄的地方喔！皮膚是人體最大的器官，每個部位的厚度各不相同。皮膚最薄的部位是在眼皮和嘴脣，例如，眼皮的厚度大約只有 0.5 公釐。皮膚最厚的部位則是在手掌和腳底，像是腳底皮膚，厚度就有 4 公釐。

皮膚表皮只要經過長期摩擦，就會變得又硬又厚，像是有些人練習彈吉他或是小提琴，手指頭因為長期撥弦，一段時間下來，指頭上就會長出厚厚粗粗的繭。

至於小嬰兒的臉被蚊子叮咬，皮膚會腫一大塊，跟臉皮的厚度沒有關係，而是跟人體免疫系統的反應有關。如果免疫系統對蚊子叮咬的反應強烈，皮膚就會明顯紅腫一大塊。和大人相比，小嬰兒的免疫系統較不成熟，對蚊子叮咬的反應會比較強烈。這也就是為什麼被蚊子叮咬時，大人的皮膚只是出現小紅點，而小嬰兒卻是紅腫一大塊。

偶爾也會臉紅害羞的巴市長　敬上

第十二章

市容改造計畫

日照與膚色

值日醫生：徐明洸叔叔

活力十足的巴市長，今天早上卻一反常態，有氣無力的坐在辦公室裡。空氣中彌漫著低氣壓，連阿強祕書說起話來，也比平常謹慎小心得多。

「我一直以為巴第市是世上最美麗的人體城市，沒想到……唉！」巴市長不停的搖頭嘆息。

原來，自從巴市長看到姊妹市送來的市容簡介圖片後，他的心情就跌到了谷底。姊妹市的市容不僅整齊，黝黑的皮膚保護牆更是美觀呢！一直以巴第市為傲的巴市長，這下子信心動搖了不少。

「市長，您別沮喪嘛！」阿強祕書除了安慰外，也提出了積極的建議：「只要我們進行部分整修，巴第市一定不會遜色的。」

在阿強祕書建議下，巴市長決定廣徵市民的意見，進行市容改造計畫。結果，市民一面倒的讚賞姊妹市的皮膚保護牆。大家都覺得巴第市的皮膚保護牆色澤太淡了，看起來既脆弱又沒安全感。

人體城市的皮膚保護牆有不同的顏色，從棕黑色、黃色到淡粉色等，這和皮膚保護牆中的黑色素有關。

皮膚保護牆由外而內，可分為三層，分別稱為表皮層、真皮層

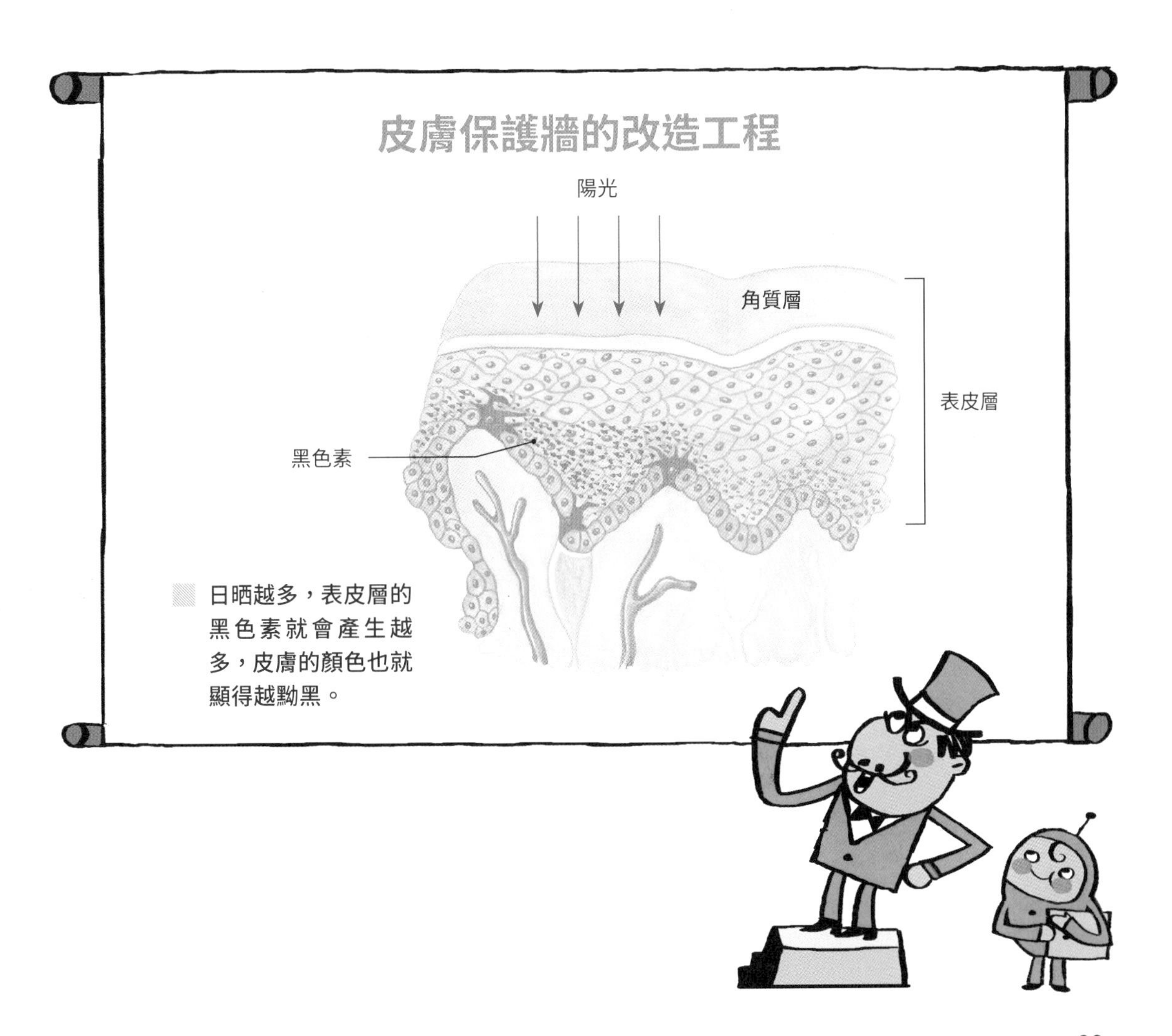

和皮下組織。表皮層的底部會產生「黑色素」，而黑色素的多寡則會影響皮膚保護牆顏色的深淺。一般而言，日照多的熱帶地區，例如位在赤道附近，包括非洲、拉丁美洲和東南亞的人體城市，皮膚保護牆的顏色比較黑；位於較高緯度地區的人體城市，皮膚保護牆的顏色比較白。這個現象除了是因為人體城市對環境的適應能力不同，也和日晒程度不同有關，因為陽光會刺激皮膚保護牆產生更多的黑色素。

　　當皮膚保護牆在陽光下長期過度曝晒時，會受到陽光中的紫外

線傷害，導致牆面老化，甚至出現毛病。但是，如果人體城市的保護牆較白，黑色素較少，也容易受到陽光中的紫外線傷害，這是因為黑色素能幫助皮膚保護牆對抗

陽光的傷害，是「天然防晒劑」呢！

「市民們都希望巴第市的皮膚保護牆顏色能夠加深一點。」阿強祕書說。

「好吧！那麼就立刻進行皮膚保護牆的改造工程！」巴市長相信，只要做一點小改變，巴第市絕對會成為一個令人流連忘返的美麗城市。

為了改變皮膚保護牆的顏色，以往巴第市對紫外線進行的隔離措施，全都宣告暫停。不過，為了避免過量的紫外線對皮膚保護牆造成傷害，巴市長還是設定了在紫外線下曝晒的時間。

在豔陽高照的天氣配合下，巴第市的皮膚保護牆顏色，終於有了明顯的改變，巴市長對於這樣的成果相當滿意。不過，市民卻對保護牆的新顏色怎麼看都不順眼，大家開始懷念起那個沒什麼安全感，卻令人難忘的顏色。

在市民們殷切的期待下，巴市長只好進行第二次的市容改造計畫。不過，這回只能慢慢等待了，因為要等到新生的黑色素消退，可能得要半年後了。巴市長只好下令從即日起，啟動各種紫外線隔離措施，皮膚保護牆才有可能恢復原來的面貌。

姊妹市的簡介圖片，被巴市長收進了抽屜裡。他心裡清楚知道，也許巴第市不是最美麗的人體城市，卻帶給巴市長和市民們最多的快樂和溫暖呢！

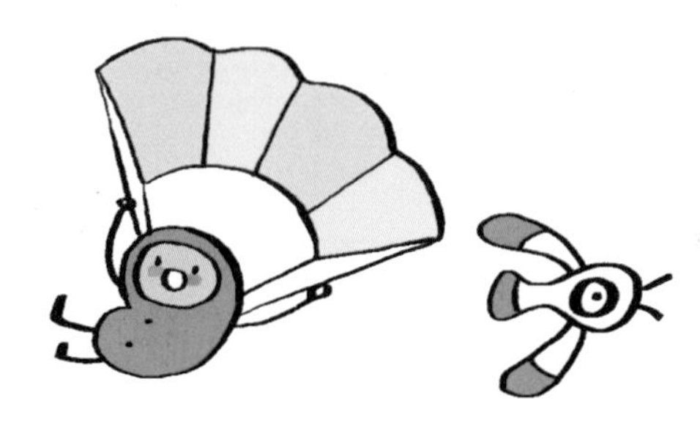

巴第市旅遊指南
什麼？「保養中，請勿參觀」？請問何時才是參觀皮膚保護牆最好的時間？
天冷時，要滋潤；天熱時，要防晒，除了上述時間外，都歡迎參觀喔！
保養中
請勿參觀
乳液
防晒乳
保養勤維修　維持好風景，Happy Body Go Go Go

親愛的巴市長：
您好！我是愛漂亮的小草莓，我最討厭聽到別人說我皮膚白，因為那有點像吸血鬼。請問，皮膚的顏色可以改變嗎？

小草莓：

看來這個問題，對你造成了一點困擾。皮膚的顏色當然可以改變，有三「素」可以讓你擺脫像吸血鬼的惡夢！第一就是「黑色素」。長時間照射太陽，皮膚表皮層底部的黑色素細胞會製造黑色素，來幫助皮膚對抗陽光的傷害，當黑色素多時，皮膚顏色就會變得比較黝黑喔！

第二就是「胡蘿蔔素」。紅色、黃色或橙色的蔬菜水果都有胡蘿蔔素，像芒果、木瓜、南瓜等，胡蘿蔔素加上陽光照射，會轉化為維生素 A，可預防夜盲症和視力退化，是重要的維生素。不過，如果攝取過量，手掌和腳底的皮膚會變黃，只要停止不吃，情況就會改善。

最後就是「血紅素」。血液循環好的時候，血管擴張，血紅素多，臉色就會呈現紅色，貧血或天冷時，臉色會比較白。

以上這三「素」都會影響膚色。血紅素所導致的變色，恢復時間最快；黑色素所導致的變色，恢復時間最慢。這是因為色素在皮膚沉積的深度不同，代謝時間也不同，通常，沉積在越淺層的，恢復時間越快。

小草莓，其實不管是白雪公主，還是黑美人，身體健康最重要喔！

喜歡自己膚色的巴市長　敬上

少年知識家

巴第市系列 1：超級城市選拔賽

作者｜施賢琴、張馨文、羅國盛、徐明洸、林伯儒、蘇大成、吳明修、何子昌、陳羿貞、王莉芳、蔡宜蓉
繪者｜蔡兆倫、黃美玉

責任編輯｜楊琇珊
封面設計｜初雨設計
內頁版型設計｜蕭華
內頁排版｜中原造像股份有限公司
行銷企劃｜李佳樺

天下雜誌群創辦人｜殷允芃
董事長兼執行長｜何琦瑜
媒體暨產品事業群
總經理｜游玉雪
副總經理｜林彥傑
總編輯｜林欣靜
行銷總監｜林育菁
主編｜楊琇珊
版權主任｜何晨瑋、黃微真

出版者｜親子天下股份有限公司
地址｜台北市104建國北路一段96號4樓
電話｜（02）2509-2800　傳真｜（02）2509-2462
網址｜www.parenting.com.tw
讀者服務專線｜（02）2662-0332　週一～週五：09:00~17:30
傳真｜（02）2662-6048　客服信箱｜parenting@cw.com.tw
法律顧問｜台英國際商務法律事務所 ・ 羅明通律師
製版印刷｜中原造像股份有限公司
總經銷｜大和圖書有限公司　電話：（02）8990-2588

出版日期｜2014年10月第一版第一次印行
2024年5月第二版第一次印行
定價｜330元　書號｜BKKKC268P
ISBN｜978-626-305-854-5（平裝）

訂購服務
親子天下 Shopping｜shopping.parenting.com.tw
海外 ・ 大量訂購｜parenting@service.cw.com.tw
書香花園｜台北市建國北路二段6巷11號　電話（02）2506-1635
劃撥帳號｜50331356　親子天下股份有限公司

立即購買 >

國家圖書館出版品預行編目(CIP)資料

超級城市選拔賽：人體城市的調節中心：大腦．五官．皮膚／施賢琴, 張馨文, 羅國盛, 徐明洸, 林伯儒, 蘇大成, 吳明修, 何子昌, 陳羿貞, 王莉芳, 蔡宜蓉作；蔡兆倫, 黃美玉插圖. -- 第二版. -- 臺北市：親子天下股份有限公司, 2024.05
104面；18.5×24.5公分. -- (巴第市系列；1)
ISBN 978-626-305-854-5(平裝)

1.CST: 人體學 2.CST: 醫學 3.CST: 通俗作品

397　113004671